ISBN 978-0-265-33927-5
PIBN 10389547

LA

PHYSIQUE DE DESCARTES

PAR

ÉMILE DUBOUX

Docteur en médecine de la Faculté de Paris.

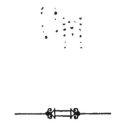

LAUSANNE

GEORGES BRIDEL ÉDITEUR

—

1881

AVERTISSEMENT

L'écrit que nous publions avait été présenté par l'auteur à la faculté de médecine de Paris comme thèse pour le doctorat sous le titre d'*Etude sur la physiologie de Descartes*. En réalité il résume et discute tout le système des mondes conçu par le grand philosophe. On ne méconnaîtra pas l'intérêt de ce travail dans une époque où la pensée scientifique se concentre sûr l'explication mécanique des phénomènes. En somme la science moderne n'a d'autre objet que de remplir le programme de Descartes et de justifier ses anticipations. C'est ce que **M.** Duboux établit avec beaucoup de clarté. Un juge compétent en ces matières, l'abbé Moigno, avait compris que cette étude s'adressait moins au monde médical qu'au public instruit en général. Il en a donné un résumé détaillé dans sa Revue des sciences [1]. Aujourd'hui nous la recommandons à l'attention des esprits éclairés comme le souvenir d'un homme dont la carrière fut bien courte et qui a laissé bien des regrets.

[1] *Les Mondes*, revue heddomadaire des sciences et de leurs applications aux arts et à l'industrie, par l'abbé Moigno, livraison du 27 juillet 1871.

LA

PHYSIQUE DE DESCARTES

Il est impossible d'étudier la physiologie de Descartes, sans jeter un coup d'œil sur l'ensemble de son œuvre.

Pour Descartes, en effet, la science est une, car « les sciences, toutes ensemble, ne sont rien autre chose que l'intelligence humaine qui reste unique et toujours la même, quelle que soit la variété des objets auxquels elle s'applique. »

Descartes a été nommé, à juste titre, le père de la philosophie moderne; il mériterait d'être appelé le père de la science, car il a jeté les bases sur lesquelles doit nécessairement reposer tout édifice scientifique.

Saisissant l'être dans le doute même, il en pose les deux attributs : étendue et pensée, et étudie les manifestations de ces attributs depuis les phénomènes les plus simples jusqu'aux phénomènes les plus complexes.

Avant de procéder à la recherche de la vérité, il fallait

à Descartes un signe qui la lui fît reconnaître. Ce signe, il le trouve : c'est l'évidence.

Tout ce qui est, est évident ou réductible à l'évidence, et, réciproquement, tout ce qui est évident ou réductible à l'évidence, en un mot tout ce qui est rationnel, est.

Un phénomène étant donné, en démontrer l'évidence ou la rationalité en le décomposant en phénomènes de moins en moins complexes, jusqu'à ce qu'on arrive à des phénomènes irréductibles, dont l'évidence ne peut être démontrée, parce qu'elle est intuitive, qu'elle s'impose ; et vice-versa, une vérité évidente étant donnée, y rattacher toutes les conséquences logiques qui en dépendent : toute la méthode est là.

D'un seul mot, d'une seule formule, Descartes se dégageait de la lourde armure sous laquelle la scolastique écrasait la pensée, croyant la rendre plus forte.

Muni du puissant instrument qu'il a forgé lui-même, Descartes va procéder à l'édification de la science.

Mais cette évidence, critérium de la vérité, cette évidence que nous cherchons nous échappe de toutes parts, nous croyons la saisir et nous ne tenons que le doute.

Descartes va faire du doute même le fondement de la science, le fondement de la certitude.

Je puis douter de tout, je ne puis douter de mon doute, je ne puis douter de ma pensée.

Je pense, ce fait s'impose à moi avec une évidence absolue ; le nier serait encore penser. Je pense, donc je suis, donc l'être est.

« Je suis, donc Dieu est, » dit Descartes. Si l'être existe, il a toujours existé, car rien ne naissant de rien, si l'être à un moment donné n'avait pas existé, il ne serait pas actuellement.

L'être ayant toujours existé, ne pouvant pas avoir été produit par quelque chose qui ne serait pas l'être, est nécessaire.

Cet être nécessaire, Descartes l'appelle Dieu.

Dieu est la substance.

« Lorsque nous concevons la substance, nous concevons seulement une chose qui existe en telle façon qu'elle n'a besoin que de soi-même pour exister; à proprement parler, il n'y a que Dieu qui soit tel. »

Rien n'existe que par la substance. Tous les phénomènes ne sont que des manifestations ou des « créations continues » de cette substance; et, si la substance unique ou Dieu disparaissait, tous les phénomènes s'évanouiraient en même temps.

Le fond du cartésianisme est le panthéisme. Leibnitz et Spinosa ne s'y sont pas trompés, et c'est en vain que des historiens, croyant défendre l'honneur philosophique de Descartes, lui dénient la gloire d'avoir ouvert la voie et montré le but à cette légion de travailleurs, qui, depuis Malebranche et Spinosa, cherchent à concilier la diversité des phénomènes avec l'unité de la substance.

Si nous voulons pénétrer plus profondément dans la pensée de Descartes, si nous cherchons quelle est dans son système la nature de la substance unique, et quels sont les modes suivant lesquels cette substance manifeste sa nature ou son essence, nous rencontrons de grandes difficultés; nous rencontrons même des contradictions, au moins apparentes, que nous ne pouvons que signaler.

On a pu croire, en s'en tenant aux mots, et la plupart des historiens ont cru que Descartes admettait deux substances essentiellement différentes, la substance étendue et la substance pensante. C'est une erreur, car lui-même avertit formellement que le mot substance peut être pris dans des sens entièrement distincts, et que, dans le sens propre du mot, la substance est unique.

On connaît le théorème de Spinosa : la substance infinie possède une infinité d'attributs, parmi lesquels deux nous sont connus : l'étendue et la pensée.

Descartes, lui, semble parfois ne reconnaître à la substance qu'un seul attribut, la pensée, ne reconnaître d'autres modes d'existence ou d'autres phénomènes que des phénomènes psychiques, ne considérer l'étendue ou la matière que comme une « forme de notre imagination, » et les phénomènes matériels ou les modes de l'étendue comme n'existant pas en dehors de la substance qui les pense.

Cette opinion paraîtrait même la seule que Descartes pût logiquement déduire des prémisses qu'il a posées ; de la pensée seule il conclut à l'être, la pensée suffit à l'être, donc la pensée constitue l'être.

Cette conclusion n'est cependant pas celle de Descartes. L'opinion qu'il soutient formellement, qu'il cherche à démontrer à plusieurs reprises, que Spinosa lui prête et doit nécessairement lui prêter, lorsqu'il cherche à formuler mathématiquement la philosophie de Descartes, est celle-ci : la substance unique a deux attributs irréductibles, la pensée et l'étendue. Les modes de la pensée sont absolument irréductibles aux modes de l'étendue, lesquels sont les mouvements.

Telle est, en peu de mots, l'ontologie de Descartes. Cherchant à pénétrer au delà des phénomènes, telle est la notion qu'il acquiert de leur cause première ou de leur substance.

De l'étude de la substance ou ontologie, il passe à l'étude des phénomènes ou physique.

Descartes a rangé l'infinité des phénomènes en deux grandes catégories : les phénomènes psychiques et les phénomènes matériels.

Les phénomènes matériels ont ceci de commun avec les autres, qu'ils n'existent pour nous qu'autant qu'ils sont connus, c'est-à-dire qu'autant qu'ils deviennent psychiques.

« Les choses, dit-il, doivent être envisagées sous un autre point de vue, quand nous les examinons par rapport à notre intelligence qui les connaît, que quand nous en parlons par rapport à leur existence réelle. »

Or il est évident, par l'énoncé même, que les phénomènes matériels, à supposer qu'ils aient quelque réalité hors de la pensée, ne peuvent être considérés « hors de l'intelligence qui les connaît. »

« Les sciences toutes ensemble, dit Descartes, ne sont rien autre chose que l'intelligence humaine, qui reste unique et toujours la même, quelle que soit la variété des objets auxquels elle s'applique, sans que cette variété apporte à sa nature plus de changements que la diversité des objets n'en apporte à la nature du soleil qui les éclaire. »

On le voit, la grande révolution philosophique que Kant croyait accomplir à la fin du siècle passé avait été consommée par Descartes. Copernic avait transporté le centre de notre monde de la terre au soleil, Descartes déplace l'axe de la science : de l'univers, il le transporte à l'esprit humain, de l'objet au sujet.

Les phénomènes n'existant, pour nous, qu'autant qu'ils sont pensés, sont soumis aux lois mêmes de la pensée.

Les lois imposées par la pensée aux phénomènes constituent ce que ceux-ci ont de nécessaire.

L'étude de ces lois est la mathématique. La notion de phénomènes ou modes implique la notion de *pluralité*, quels que puissent être d'ailleurs les phénomènes considérés, psychiques ou matériels.

Les lois de la pluralité s'imposent donc à tous les phénomènes quels qu'ils soient ; elles constituent la mathématique générale, applicable aux phénomènes psychiques aussi bien qu'aux phénomènes matériels.

La mathématique générale appliquée à l'idée d'*étendue* constitue la géométrie. Cette partie de la science ne se rapporte plus à l'ensemble des phénomènes ; elle ne se rapporte qu'aux modes de l'étendue ou figures.

L'application des lois de la mathématique générale et de la géométrie à l'idée de *mouvement* constitue la mécanique rationnelle.

Soumettre les phénomènes, des plus simples aux plus complexes, aux lois mathématiques, les couler dans les moules tout faits de la raison, c'est le but de la science, c'est ce que va tenter Descartes.

En mathématique, il a réalisé le progrès le plus considérable que cette science ait accompli par le fait d'un homme.

Par la géométrie analytique, il réduit les lois de l'étendue aux lois plus générales du nombre. Comme le dit très bien Aug. Comte, « il a prouvé que les idées de qualité étaient réductibles aux idées de quantité. »

Il ramène la géométrie à n'être qu'une application de l'algèbre.

Cette découverte renferme, ainsi qu'il le prévoyait, le germe de tous les progrès ultérieurs.

Non content de relier la géométrie à l'algèbre, il donne à l'algèbre son vrai caractère : il en fait la science du nombre abstrait, en dégageant le langage algébrique de de tous les signes qui en rétrécissaient alors la signification générale.

Il indique le sens concret des signes + et — qui, appliqués aux quantités géométriques et mécaniques, représentent les directions opposées.

« Le théorème général sur les relations du concret à l'abstrait en mathématique, dit Comte, est une des plus belles découvertes que nous devions au génie de Descartes. »

Enfin, par sa méthode des indéterminées, « il touchait de bien près à l'analyse infinitésimale, ou plutôt il me semble que l'analyse infinitésimale n'est autre chose qu'une heureuse application de la méthode des indéterminées. » (Carnot.)

De l'étendue considérée comme divisible et figurée, Descartes passe à l'étendue en mouvement ; de l'algèbre et de la géométrie à la mécanique.

La substance étant nécessaire, ses deux attributs, étendue et pensée, le sont aussi. La nécessité dans le temps, c'est l'éternité ; la nécessité dans l'espace, c'est l'infini. L'étendue est donc éternelle et infinie, or l'étendue c'est la matière ; donc la matière est éternelle et infinie.

La quantité de matière et la quantité de pensée sont constantes ou immuables comme la substance unique dont elles sont les attributs irréductibles.

Le mouvement étant le mode d'existence de la matière, la matière est nécessairement mue ; le repos absolu ne peut exister.

La quantité de mouvement est constante dans l'univers, comme la quantité de matière.

La matière ne peut ni se perdre ni se créer.

Le mouvement ne peut ni se perdre ni se créer.

Tous les phénomènes matériels ne sont que des modes de mouvement.

C'est sur cette triple base que Descartes édifie la science de l'univers.

Citons quelques passages qui démontreront que nous n'attribuons rien à Descartes qui ne soit textuellement dans ses œuvres : « Toutes les qualités des corps ne sont rien hors notre pensée, sinon les mouvements, grandeurs et figures de quelque corps. »

« Je considère qu'il y a une infinité de mouvements qui durent perpétuellement dans le monde ; il n'y a rien en aucun lieu qui ne se change, et ce n'est pas dans la flamme seule qu'il y a quantité de parties qui ne cessent point de se mouvoir ; il y en a aussi dans tous les autres corps [1]. »

« Il me suffit de penser qu'elles ont commencé à se mouvoir aussitôt que le monde a commencé d'être ; et cela étant, il est impossible que leurs mouvements cessent jamais, ni même qu'ils changent autrement que de sujet.

» Or, ensuite de cette considération, il y a moyen d'expliquer la cause de tous les changements qui arrivent dans le monde, et de toutes les variétés qui paraissent sur la terre. »

« Bien que le mouvement ne soit qu'une façon en la matière qui est mue, elle en a pourtant une certaine quantité qui n'augmente et ne diminue jamais, encore qu'il y en ait tantôt plus et tantôt moins en quelques-unes de ses parties ; c'est pourquoi, lorsqu'une partie de la matière se meut deux fois plus vite qu'une autre, et que cette autre est deux fois plus grande que la première, nous devons penser qu'il y a tout autant de mouvement dans la plus petite que dans la plus grande, et que toutes et quantes fois que le mouvement d'une partie diminue, celui de quelque autre partie augmente à proportion.

» Je tiens qu'il y a une égale quantité de mouvement en toute la matière créée qui n'augmente ni ne diminue jamais ; et ainsi que lorsqu'un corps en fait mouvoir un autre, il perd autant de son mouvement qu'il lui en donne ;

[1] Vous qui imaginez si bien la matière en repos pouvez imaginer le feu en repos. (DIDEROT.)

comme lorsqu'une pierre tombe d'un lieu haut contre la terre, si elle ne retourne point et qu'elle s'arrête, je conçois que cela vient de ce qu'elle ébranle cette terre, et ainsi lui transfère son mouvement. Mais, si ce qu'elle meut de terre contient mille fois plus de matière qu'elle, en lui transférant tout son mouvement, elle ne lui donne que la millième partie de sa vitesse; et pour ce que si deux corps inégaux reçoivent autant de mouvement l'un que l'autre, cette pareille quantité de mouvement ne donne pas tant de vitesse au plus grand qu'au plus petit, on peut dire en ce sens que plus un corps contient de matière, plus il a d'inertie naturelle.

» Parce que nous habitons une terre dont la constitution est telle que les mouvements qui se font auprès de nous cessent en peu de temps, et souvent par des raisons qui nous sont cachées, nous avons jugé (à tort) que les mouvements qui cessent ainsi par des raisons qui nous sont inconnues cessent d'eux-mêmes. »

Il est inutile de prolonger ces citations ; elles sont caractéristiques, et suffisent pour démontrer que les principes de ce qu'on a appelé la physique moderne n'ont jamais été formulés d'une façon plus nette et plus générale que par Descartes.

Mais comment représentera-t-il cette quantité de mouvement qui reste constante sous l'infinie diversité des phénomènes? Par le produit Mv de la masse et de la vitesse.

Si toutes les molécules de l'univers animées d'une vitesse commune se mouvaient parallèlement les unes aux autres, le mouvement resterait uniforme.

La quantité Mv (M représentant la masse de l'univers, v sa vitesse) serait la même à chaque instant.

Plaçons-nous dans la réalité : les molécules, animées de vitesses diverses dans les directions diverses, se choquent. Que devient le mouvement ?

Cherchons ce qui arrive dans le choc des deux molécules a et b.

Il peut se présenter deux cas.

Les masses a et b conservent chacune la quantité de mouvement qu'elles avaient avant le choc. Ce cas se présente, par exemple, si a et b sont deux masses élastiques égales, animées de vitesses égales dans deux directions opposées. Dans ce cas, la somme des quantités de mouvement $av + bv$ reste constante.

Descartes pense qu'il en est ainsi, si les deux corps a et b qui se rencontrent sont durs. Le fait est que dans le choc des corps durs il n'y a pas, comme on le dit, perte de mouvement : le mouvement qui paraît se perdre ne fait que se transformer en mouvement moléculaire.

Le second cas est celui où la quantité de mouvement soit de a, soit de b, varie. Supposons que a, par exemple, perde une quantité de mouvement égale à x; la quantité de mouvement de a, qui était par exemple av, devient $av - x$. Mais que devient cette quantité de mouvement perdue ?

En vertu de la loi de l'égalité de l'action et de la réaction énoncée par Descartes, cette quantité x est, d'après lui, transportée tout entière à b, dont la quantité de mouvement, qui était bv', devient $bv' + x$.

Avant le choc, la somme des quantités de mouvement

était $av + bv'$; après le choc, elle est $av - x + bv' + x$, c'est-à-dire que la somme des quantités de mouvement est constante.

Plus tard, Huyghens donna son théorème d'après lequel, dans le choc des corps élastiques, ce n'est pas la somme des quantités de mouvement, mais la somme des forces vives qui reste constante.

En résumé, pour Descartes, la quantité de mouvement d'un corps ne pouvant être modifiée que par le choc, et, dans le choc, la somme des quantités de mouvement des corps choqués restant constante, la quantité totale de mouvement reste constante dans l'univers.

Cherchons à nous représenter cette loi d'une façon concrète.

Supposons un système indépendant de molécules se choquant les unes les autres. Supposons toutes ces molécules égales entre elles, la masse, m, de chacune exprimée par 1, représentant un volume aussi petit qu'on le voudra, c'est-à-dire aussi rapproché qu'on le voudra du point mathématique.

Prenons l'espace parcouru par chacune de ces molécules, dans n'importe quelle direction, pendant un temps déterminé, une seconde, par exemple.

Additionnons tous ces espaces; la somme sera un espace E. Cette somme des espaces parcourus pendant une seconde est constante. Cet espace E correspond à une vitesse V, qui est la somme des vitesses de toutes les molécules particulières, et qui serait la vitesse d'une molécule qui se serait approprié les vitesses de toutes les autres, en leur imprimant sa direction primitive. Cette quantité *V* est constante.

L'univers peut être considéré comme composé de molécules aussi petites qu'on voudra, qui sont des unités de masse. La somme des espaces parcourus à chaque instant par toutes ces molécules est constante. Voilà ce que Descartes entend par l'égale quantité de mouvement dans l'univers.

Plus tard, on a affirmé que ce n'est pas la quantité totale de mouvement qui reste constante dans l'univers, mais la somme des forces vives mv^2. Cette théorie admet qu'une quantité de mouvement égale à 4, par exemple ($m = 1$, $v = 4$) peut, en quittant un corps, devenir, dans un autre corps, égale à 16 ($m = 16$, $v = 1$). Descartes aurait vu là une création de mouvement, impossible dans ses idées.

De nos jours on a modifié cette théorie. Ce qui reste constant dans l'univers, c'est la somme de deux quantités variant en sens inverse l'une de l'autre : ces deux quantités sont l'énergie actuelle et l'énergie potentielle ; l'énergie actuelle équivaut à la force vive de Leibnitz.

Diderot formulait déjà cette idée de la façon suivante : « La quantité de force est constante dans la nature ; mais la somme des *nisus* et la somme des translations sont variables. Plus la somme des *nisus* est grande, plus la somme des translations est petite, et réciproquement.

» L'incendie d'une ville accroît tout à coup d'une quantité prodigieuse la somme des translations. »

Il faut remarquer que l'expression « énergie potentielle » est défectueuse. Il n'y a pas dans la matière d'autre énergie que le mouvement ; et toute énergie est actuelle.

Descartes, tout en affirmant que la même quantité de mouvement persiste dans l'univers, reconnaît cependant que ce mouvement se transforme de telle sorte qu'à chaque instant une certaine quantité de mouvement sensible disparaît, et se transforme en mouvement moléculaire, ne se manifestant plus à nous que par des sensations lumineuses, calorifiques ou autres. C'est un fait qui a été de nouveau signalé par Thomson et Clausius.

Descartes, réduisant tous les phénomènes au mouvement, devait chercher les lois du mouvement. Il les cherche, les découvre et les formule.

1° « Chaque chose continue d'être en même état autant qu'il se peut, et jamais elle ne change que par la rencontre des autres. »

2° La matière tend à continuer son mouvement en ligne droite, de sorte qu'un corps ne se meut en ligne courbe que parce que sa direction est continuellement changée par quelque obstacle, sans lequel elle s'échapperait par la tangente.

Ces deux lois constituent ce qu'on appelle la loi d'inertie. Cette loi, la plus générale de la nature, a été pour la première fois scientifiquement formulée par Descartes.

3° « Quand un corps en pousse un autre, il ne saurait lui donner aucun mouvement qu'il n'en perde en même temps autant du sien, ni lui en ôter que le sien ne s'augmente d'autant. »

Cette loi a reçu le nom de « principe de l'égalité d'action et de réaction. »

Ces trois lois sont les lois fondamentales de la mécanique, toutes les autres en dérivent.

Se fondant sur ces trois principes, Descartes, le premier, songe à chercher les lois du choc. A ce propos, Descartes formule une quatrième loi, la loi du moindre changement.

Les règles de la communication du mouvement « ne dépendent, dit-il, que d'un seul principe, qui est que, lorsque deux corps se rencontrent qui ont en eux des modes incompatibles, il se doit véritablement faire quelque changement en ces modes pour les rendre compatibles, mais que ce changement est toujours le moindre qui puisse être, c'est-à-dire que si, certaine quantité de ces modes étant changée, ils peuvent devenir compatibles, il ne s'en changera point une plus grande quantité.

Lorsque la nature a plusieurs voies pour parvenir à un même effet, elle suit toujours infailliblement la plus courte. »

Les développements dans lesquels nous venons d'entrer sont déjà longs, nous devons nous borner là. Nous ajouterons cependant quelques citations qui prouveront que Descartes était en possession des principes mécaniques très importants nommés aujourd'hui principe des vitesses virtuelles et principe de D'Alembert.

« La même quantité de force, écrit-il, qui sert à lever un poids à la hauteur d'un pied ne suffit pas pour l'élever à la hauteur de deux pieds; et il n'est pas plus clair que 2 et 2 font 4 qu'il est clair qu'il en faut employer le double. Si l'on fait quelque difficulté à le recevoir, c'est que l'on confond la considération de l'espace avec celle du temps ou de la vitesse. En sorte que, par exemple, au levier, ou, ce ce qui est le même, en la balance, *BCDA*, ayant supposé que le bras *AB* est double de *BC*, et que le poids *C* est double de *A*, et ainsi qu'ils sont en équilibre ; au lieu de dire que ce qui est cause de cet équilibre est que si le poids *C* soulevait ou était soulevé par le poids *A*, il ne passerait que par la moitié autant d'espace que lui, ils disent qu'il irait de la moitié plus lentement, ce qui est une faute, car ce n'est pas la différence de vitesse qui fait que ces poids doivent être doubles l'un de l'autre, mais la différence de l'espace : comme il paraît, par exemple, de ce que pour lever le poids *F* avec la main jusqu'à *G*, il ne faut point employer une force qui soit justement double de celle qu'on y aura employée le premier coup, si on veut le lever deux fois plus vite ; mais il y en faut employer une qui soit plus ou moins grande que le double, suivant la diverse proportion que peut avoir cette vitesse avec les causes qui lui résistent ; au lieu qu'il faut une force justement double pour le lever avec même vitesse deux fois plus haut.

C'est une pure imagination que de dire que la force doit être justement double pour doubler la vitesse. »

Dans ce passage, outre l'énonciation du principe des vitesses virtuelles, il y a une remarque importante, c'est que la force dépensée par un corps doit être mesurée par les résistances surmontées, c'est-à-dire par la quantité de mouvement qu'il donne aux corps qu'il rencontre, quantité de mouvement qu'il perd lui-même, et qui est en raison de la résistance vaincue.

« Le mouvement d'un corps n'est pas retardé à proportion de ce que celui-ci lui résiste, mais à proportion de ce
que sa résistance en est surmontée, et qu'en lui obéissant
il prend en soi la force de se mouvoir que l'autre quitte. »

C'est cette idée qui fut reproduite plus tard par D'Alembert, lors de la grande discussion sur la mesure de la force.

« Il faut avouer, dit-il, que l'opinion de ceux qui regar-
dent la force comme le produit de la masse par la vitesse
peut avoir lieu non seulement dans le cas de l'équilibre,
mais aussi dans celui du mouvement retardé, si dans ce
dernier cas on mesure la force non par la quantité absolue
des obstacles, mais par la somme des résistances de ces
mêmes obstacles. Car on ne saurait douter que cette somme
de résistances ne soit proportionnelle à la quantité de mouvement, puisque, de l'avis de tout le monde, la quantité de
mouvement que le corps perd à chaque instant est proportionnelle au produit de la résistance par la durée infiniment petite de l'instant, et que la somme de ces produits
est évidemment la résistance totale. Il paraîtrait plus natu-
rel de mesurer la force par la somme des résistances que
par la quantité absolue des obstacles; car un obstacle n'est
tel qu'autant qu'il résiste. »

Rappelons cependant la lettre dans laquelle Descartes
expose « pourquoi il faut une force quadruple pour faire
monter une corde à l'octave. »

La raison qu'il en donne est la suivante : « Toutes les
autres choses étant égales, l'inégalité de la force ne peut
être récompensée que par celle du temps; » or, le nombre
des vibrations de l'octave étant double, chaque vibration se

fait dans un temps moitié moindre. La force variant en raison inverse du temps devient donc double ; la force étant double pour un temps moitié moindre, devient quadruple pour un temps égal, » car lorsque les forces sont considérées en elles-mêmes, et sans avoir égard à aucun temps, elles ont même rapport l'une à l'autre que lorsqu'elles sont considérées au regard d'un temps égal. » Ici, on le voit, la force est déclarée proportionnelle au carré de la vitesse.

En finissant, je citerai un passage dans lequel Descartes, pour trouver le « centre d'agitation d'un corps suspendu » s'appuie sur des considérations analogues au principe de D'Alembert : « Ce que je nomme le centre d'agitation d'un corps suspendu est le point auquel se rapportent si également les diverses agitations de toutes les autres parties de ce corps, que la force que peut avoir chacune d'elles à faire qu'il se meuve plus ou moins vite qu'il ne fait, est toujours empêchée par celle d'un autre qui lui est opposée ; d'où il suit que le centre d'agitation se doit mouvoir autour de l'essieu auquel il est suspendu avec la même vitesse qu'il ferait si tout le reste du corps dont il est partie était ôté. »

Le principe de D'Alembert consiste précisément en ceci : toutes les quantités de mouvement perdues ou gagnées par les différents corps du système, en vertu de leur liaison, se font équilibre.

Après avoir établi les lois fondamentales du mouvement, Descartes passe aux manifestations mêmes du mouvement, aux phénomènes.

Par une audace digne de son génie, il ne se contente pas de chercher la formule mathématique des phénomènes ; il cherche à démontrer par les lois mécaniques que les phénomènes doivent être ce qu'ils sont, et ne peuvent pas être autres qu'ils ne sont.

En un mot, il cherche non seulement le *comment*, il cherche le *pourquoi*.

Qu'on lui donne de la matière et du mouvement, sa pensée créera le monde.

La matière n'étant que l'étendue est essentiellement une ; c'est le mouvement seul qui la différencie, qui fait les corps, qui leur donne grandeur et figure, et qui produit les sensations diverses, pesanteur, dureté, chaleur, lumière, etc., par lesquelles ils se manifestent à nous. Cela étant, la matière est, évidemment, divisible à l'infini ; en outre, la matière n'étant que l'étendue, est continue et infinie ; le vide n'existe pas.

Cela admis, supposons la matière animée de la quantité de mouvement qu'elle possède actuellement, « quand bien même, dit Descartes, nous supposerions le chaos des poètes, on pourrait toujours démontrer que, grâce aux lois de la nature, cette confusion doit peu à peu revenir à l'ordre actuel. »

« Les lois de la nature sont telles, que la matière doit prendre successivement toutes les formes dont elle est capahle. »

Bien que tous les corps tendent à se mouvoir en ligne droite, dans le plein, le mouvement en ligne droite est impossible ; « il faut qu'il y ait toujours un cercle de matière

ou anneau de corps qui se meuvent en même temps »
pour occuper l'espace laissé libre par le corps qui se
meut. Ces cercles ou tourbillons se produisent donc nécessairement.

Les disciples de Descartes ont donné un grand développement à cette théorie des tourbillons. De l'infiniment
grand à l'infiniment petit, tout est tourbillon ; tout tourbillon est composé de tourbillons plus petits, composés
eux-mêmes de tourbillons encore plus petits, à l'infini, et
réciproquement, tout tourbillon fait partie de tourbillons
plus grands à l'infini.

Descartes, tout en affirmant que les molécules éthérées
sont animées d'un mouvement de rotation sur elles-mêmes,
n'appelle proprement tourbillons que les systèmes, au
centre desquels se trouve un soleil vivant ou éteint.

Les étoiles fixes sont des soleils, c'est-à-dire des centres
de tourbillon.

Les planètes sont des soleils encroûtés, absorbés par des
tourbillons plus forts.

Descartes pensait que les étoiles n'étaient point distri-
buées au hasard, mais soumises à un arrangement con-
forme aux lois de la mécanique ; il ne doute même point
« que les étoiles ne changent toujours quelque peu entre
elles, quoiqu'on les estime fixes. »

Il se contente, toutefois, d'affirmer que les tourbillons
sont disposés de façon à se contrarier le moins possible ; il ne
songe point à se demander si les divers soleils ne pourraient
pas faire partie d'un tourbillon plus grand. Le P. Castel
est, me semble-t-il, le premier qui ait émis cette idée.

La nécessité des tourbillons étant démontrée, Descartes cherche comment va s'organiser chaque tourbillon.

Les parties les plus petites ayant moins de force pour continuer leur mouvement en ligne droite, c'est-à-dire moins de force centrifuge, sont repoussées vers le centre, où elles constituent le soleil. Le soleil est donc composé d'éléments très subtils et très mobiles.

« Le soleil, dit-il, est semblable à la flamme. »

« Le soleil est encore semblable à la flamme, en cela qu'il entre en lui, sans cesse, quelque matière et qu'il en sort d'autre. »

En vertu de la force centrifuge, tous les éléments du tourbillon tendent à s'échapper par la tangente. S'ils ne le font pas, ce n'est pas en vertu d'une force attractive, dont la supposition est absurde ; c'est simplement parce que leur force centrifuge est équilibrée par celle des tourbillons voisins.

Si cet équilibre vient à être rompu, un tourbillon peut finir par être entraîné dans la sphère d'un tourbillon plus fort. Les élements du soleil se réunissant à sa surface et perdant leur mouvement y forment des taches : ces taches sont ordinairement défaites par les éléments qui sont restés mobiles, mais elles peuvent persister, s'étendre, se réunir ; alors l'astre est obscurci. La tache disparaissant, l'éclat reparaît.

Les variations de la croûte expliquent les variations d'éclat des étoiles.

De nos jours, un astronome illustre a émis la même idée.

Si les taches envahissent toute la superficie de l'astre et l'enveloppent d'une croûte persistante, le tourbillon perd de sa force et peut être annexé par un tourbillon voisin. L'astre encroûté peut devenir planète ou comète.

La comète passe d'un tourbillon dans un autre ; tandis que la planète reste dans le même tourbillon, « au lieu où sont les parties qui n'ont ni plus ni moins de force qu'elle à persévérer dans leur mouvement. »

Un tourbillon n'est pas parfaitement sphérique, et l'axe des pôles est plus petit que l'axe équatorial.

« Les cercles décrits par les planètes ne sont point parfaitement ronds, et même le temps y apporte sans cesse du changement, ainsi que nous voyons arriver en tous les autres effets de la nature. »

La terre était primitivement, comme toutes les autres planètes, un soleil, qui s'est encroûté.

La terre possède encore, sous sa croûte, relativement mince, un feu central.

La lune, de même, est un soleil à un état d'encroûtement plus avancé que la terre, et annexé par la terre à l'époque où celle-ci était encore soleil.

Les planètes sont entourées d'un tourbillon particulier, qui fait partie du tourbillon général.

Descartes est le premier qui ait eu l'idée lumineuse, et extrêmement remarquable dans l'histoire de la science, d'expliquer par le même mécanisme la pesanteur à la surface de la terre et les révolutions des planètes autour du soleil.

Il commence par écarter l'idée d'une force attractive, inhérente à la matière.

Copernic et Képler avaient admis cette force à la suite des anciens.

Képler supposait qu'elle agissait en raison directe des masses et inverse des simples distances. Bouillaud avait, en 1644, redressé cette erreur et montré que l'attraction, si elle existait, devait, comme la lumière, comme toutes les actions partant d'un centre, diminuer en raison des carrés des distances.

La même année, Roberval, dans son *Aristarque*, attribuait d'une façon plus nette et plus générale qu'on ne l'avait fait avant lui, à toute particule matérielle la propriété d'attirer toutes les autres particules de l'univers et d'être attirée par elles. Ces idées, disons-le en passant, ne furent pas perdues, puisque plusieurs années avant que Newton eût démontré la loi, telle que Bouillaud l'avait indiquée, Wren, Hooke, Halley connaissaient cette loi, et cherchaient à la démontrer.

Descartes, lui, s'élève avec énergie contre l'idée d'une force attractive. Il traite cette idée d'absurde, comme Newton le fit plus tard, et critique amèrement le livre de Roberval lors de son apparition.

Bien que plusieurs hommes célèbres aient admis la force attractive inhérente à la matière ; bien que Kant ait essayé de démontrer *a priori* que cette propriété est nécessaire à la matière, et que sans elle la matière ne serait pas possible ; bien que, pour la plupart des savants de nos jours, l'attraction soit un article de foi, il faut reconnaître que la force attractive est une absurdité, et que les Descartes, les Leibnitz, les Bernouilli ont eu raison de la nier.

Les corps, loin de s'attirer, tendent à s'écarter les uns des autres, par le fait même du choc. Comment se fait-il donc que toutes les molécules des corps ne se dispersent pas dans l'infini ; comment se fait-il que les planètes n'obéissent pas à la tendance qu'elles ont de continuer leur mouvement en ligne droite ; comment se fait-il que les corps pèsent à la surface de chaque planète ?

La réponse est simple : Les corps ne se dissipent pas dans le vide infini parce que le vide n'existe pas. L'univers est infini et plein. Chaque point de l'univers est un centre de répulsion. L'univers est une sphère dont le centre est partout et la circonférence nulle part.

N'est-il pas évident d'ailleurs que la force attractive variant avec la distance est en opposition avec la loi d'inertie. Si elle est d'accord avec la loi de la conservation de l'énergie (l'énergie pouvant être potentielle ou actuelle), elle est en contradiction évidente avec la loi de la conservation des forces vives, et avec la loi de la même quantité de mouvement admise Descartes.

Les planètes ne s'échappent pas par la tangente à leur orbite, parce que si elles s'écartaient, elles seraient repoussées vers le centre par des corps dont la force centrifuge est plus grande, qui par conséquent tendent plus qu'elles à se diriger vers la surface du tourbillon, pour y décrire des cercles plus grands et plus rapprochés de la ligne droite.

Les planètes ne se rapprochent pas du centre, parce que, si elles se rapprochaient, elles se trouveraient au milieu de corps dont la force centrifuge serait moindre, par conséquent elles s'éloigneraient du centre.

Les planètes s'étant, à l'époque de la réunion, trop rapprochées du centre par suite de la vitesse acquise, oscillent comme un pendule autour de leur position d'équilibre.

Le mécanisme de la gravitâtion des planètes s'applique parfaitement à la pesanteur des corps à la surface de la terre.

La terre est le centre d'un tourbillon particulier, qui agit sur les corps terrestres comme le tourbillon solaire agit sur les planètes. Si un corps terrestre s'éloigne de la surface de la terre, il y est repoussé par les parties du tourbillon dont la force centrifuge est plus grande que la sienne.

Les corps ne sont pas repoussés dans des plans perpendiculaires à l'axe de rotation de la terre et parallèles à l'équateur; ils sont repoussés vers le centre de la terre. En effet, la matière subtile qui compose le tourbillon est animée de mouvements extrêmement rapides, non seulement dans le sens de la rotation de la terre, mais dans tous les sens, « lesquels mouvements ne pouvant être continués en ligne si droite qu'ils le seraient si la terre ne se rencontrait point en leur chemin, non seulement ils font effort pour la rendre ronde ou sphérique, ainsi qu'il a été dit des gouttes d'eau; mais aussi cette matière du ciel a plus de force à s'éloigner du centre autour duquel elle tourne que n'ont aucunes des parties de la terre, ce qui fait qu'elle est légère à leur égard.

» De cela seul que la masse de la terre répugne aux mouvements des parties de la matière céleste, elles tendent toutes à s'éloigner également de tous côtés de son voisinage, suivant des lignes droites tirées de son centre.

» L'action qui rend les corps pesants a beaucoup de rapport avec celle qui fait que les gouttes d'eau deviennent rondes; car c'est la même matière subtile qui, par cela seul qu'elle se meut indifféremment autour d'une goutte d'eau, pousse également toutes les parties de sa superficie vers le centre et qui, par cela seul qu'elle se meut autour de la terre, pousse aussi vers elle tous les corps qu'on nomme pesants, lesquels en sont les parties. »

Ainsi donc, pour Descartes, la pesanteur n'est qu'une moindre force pour s'éloigner du centre : une pierre tombe en vertu du même mécanisme qui fait qu'un morceau de liège remonte à la surface de l'eau. Un corps, pesant dans un milieu, est léger dans un autre, de même qu'un corps est magnétique dans un milieu plus diamagnétique que lui, et diamagnétique dans un milieu moins diamagnétique.

D'Alembert, dont le sens critique était si remarquable, qui savait admirer tout ce qui est grand, de quelque part qu'il vînt, trouve l'explication mécanique de la pesanteur, dans Descartes, admirable.

Auguste Comte, dont on a voulu faire une sorte d'ennemi de Descartes, mais dont les formules étaient trop générales et la compréhension trop vaste pour qu'il fût injuste vis-à-vis d'un homme dont il combattait les idées philosophiques, tout en reconnaissant qu'elles avaient été un moment nécessaire du progrès scientifique, Auguste Comte est un des admirateurs de Descartes les plus convaincus et les plus compétents.

Sur le système des tourbillons, voici le jugement qu'il porte :

« Ces fameux tourbillons, tant décriés aujourd'hui, ont été à l'origine un puissant moyen de développement pour la saine philosophie, en introduisant l'idée fondamentale d'un mécanisme quelconque, là où le grand Keppler lui-même n'avait osé concevoir que l'action incompréhensible des âmes et des génies. »

On a objecté à Descartes que, d'après son système, les corps seraient chassés non pas vers le centre de la terre, mais vers l'axe dans des plans parallèles à l'équateur. Descartes avait prévu et prévenu l'objection : le corps céleste est un centre de répulsion ou plutôt de vibration dans tous les sens. La terre s'opposant aux mouvements des parties de la matière éthérée, « elles tendent toutes à s'éloigner également de tous côtés de son voisinage, suivant des lignes droites tirées de son centre. »

Ce mécanisme pourrait même s'accorder avec les lois connues de l'attraction universelle.

Ce mouvement répulsif, ou plutôt cette tendance centrifuge des molécules éthérées diminuerait à partir du centre m, en raison du carré de la distance. Un corps m', résistant à cette tendance en raison même de sa masse, sera repoussé vers le centre de la même façon qu'un corps léger plongé dans un liquide plus dense est repoussé vers la surface.

Supposons ce corps m' plus rapproché du centre : la pression centrifuge du milieu étant plus grande en raison inverse du carré de la distance, il sera repoussé vers le centre avec une force plus grande en raison inverse du carré de la distance.

La tendance centrifuge du milieu augmentant en raison des masses centrales, l'attraction sera en raison directe des masses.

Depuis Descartes, bien des tentatives ont été faites dans le but d'expliquer mécaniquement la pesanteur et la gravitation. Newton lui-même s'y est essayé.

De nos jours, le père Secchi a présenté une théorie à peu près identique à celle de Newton.

Enfin, récemment, M. Leray a présenté à l'académie des sciences une hypothèse très simple et très remarquable, qui, si elle était admise, rendrait parfaitement compte des phénomènes.

La cosmogonie de Descartes est la première cosmogonie scientifique que relate l'histoire de l'esprit humain. Il n'est pas besoin de faire remarquer tout ce qu'elle contient de vérités et d'intuitions parfois surprenantes : composition gazeuse du soleil, aujourd'hui à peu près démontrée par Faye et Secchi, état gazeux primitif de toutes les planètes, feu central de la terre, encroûtement des corps célestes par refroidissement, variation d'éclat des étoiles due aux changements des croûtes qui se forment à leur surface (explication reprise par M. Faye), assimilation du soleil à une flamme, qui, à chaque instant, a besoin de nourriture pour réparer ses pertes, etc., etc.

Dans le système de Descartes, comme dans celui de Laplace, la matière qui compose le soleil était primitivement éparse dans toute l'étendue du tourbillon actuel, jusque bien au delà des dernières planètes ; cette matière s'est réunie au centre du tourbillon par suite de sa pesanteur, c'est-à-dire de sa moindre force centrifuge. Sur la formation des planètes et satellites, Descartes diffère de Laplace. Il admet comme Laplace que ces corps ont été primitivement à l'état gazeux, mais à cet état, ils formaient des soleils indépendants, annexés plus tard par notre tourbillon solaire, après leur encroûtement.

Dans le traité du Monde, cependant, Descartes admet que les planètes se sont formées dans le tourbillon même où elles se trouvent, à l'endroit même où leur force centrifuge est équilibrée par celle des parties du tourbillon.

Il est curieux de suivre les progrès de la cosmogonie, à partir de Descartes, en passant pas Castel, Buffon, Kant, Laplace, jusqu'à nos jours.

Le père Castel est un homme de génie, presque inconnu, qui a émis quantité d'idées grandes, lumineuses et fécondes et dont l'honneur est revenu à tout autre qu'à lui.

Dans la matière cosmique primitive il admet des foyers d'attraction divers.

« La pesanteur réunit au commencement les parties des corps en les rapprochant. »

« Il suffisait que Dieu créât la matière, elle a dû faire le reste, c'est-à-dire ramasser la terre avec ses substances, et les autres globes avec leurs substances, autour de leurs centres, et dans les distances relatives qui conviennent à leur nature spécifique. »

« Les divers corps célestes se sont formés par une sorte de coagulation et de précipitation naturelles. »

« A mesure que les astres se sont formés et que leurs parties se sont resserrées vers le centre, le ciel a acquis son étendue autour d'eux. »

La gravitation des diverses parties de la matière vers un centre entraînait nécessairement la révolution de cette matière ; d'où naissance de la force centrifuge.

« Il y a plusieurs centres dans l'univers ; mais il n'y en a qu'un qui soit le principal. »

« Toutes les étoiles, avec *leurs planètes*, satellites et tourbillons pèsent vers le centre de l'univers. »

« L'astre qui est au centre de l'univers doit être le plus grand et le plus en feu. Sirius étant un million de fois plus grand que le soleil, le système de Copernic, qui place le soleil au centre du monde, est faux. »

« Les astres sont en si grand nombre au-dessus de nos têtes qu'ils forment comme une voûte continue. » — « La voie de lait pourrait bien être le véritable équateur du monde. »

Autant de propositions, autant d'idées originales et profondes. J'aurais fort à faire à citer tous les auteurs qui plus tard ont reproduit les idées du père Castel.

Je me contenterai de citer Kant. En présence des coïncidences singulières qui existent entre ces deux auteurs, il est bien difficile de ne pas supposer que Kant a eu connaissance du traité du père Castel. (*Traité de physique*, 1724.)

L'étonnement qu'on éprouve à la lecture du père Castel augmente lorsqu'on arrive à ses idées sur la chaleur et la lumière. Dès 1724, il formulait quelques-uns des principaux résultats de la théorie mécanique de la chaleur.

« Le feu est un mouvement alternatif fort prompt, » de même que « le mouvement de la lumière est un mouvement oscillatoire. »

« Le feu est le résultat de toutes les pesanteurs. » Le feu et la lumière ne sont que la réaction de la pesanteur.

« Le centre, étant le plus comprimé, est ce qui a le plus de réaction. La réaction est égale à la pesanteur de tout le globe et de tout le tourbillon. »

« Plus un corps est grand, plus il doit avoir de feu central et de lumière sensible; et voilà, en passant, pourquoi le soleil paraît plus en feu et a un éclat plus sensible que la terre, laquelle a pourtant son feu aussi bien que le soleil. »

« Dans toute compression, il y a un ressort qui agit à contresens. La pesanteur étant un effort qui agit sans cesse, son ressort l'est donc aussi et agit de même, » et en agissant produit la chaleur et la lumière.

« Qu'on ne dise donc plus que la pesanteur est un simple effort inanimé, une force morte. » « La pesanteur est toujours accompagnée d'une égale réaction. »

Je ne puis faire ici une étude du père Castel. Je remarquerai seulement qu'il exprime une idée fondamentale dans la théorie mécanique de la chaleur : c'est l'idée de la production de chaleur par transformation du travail mécanique.

On attribue à des auteurs contemporains, à Mayer, et surtout à Helmholtz, l'idée d'expliquer la production de la chaleur du soleil par la transformation en mouvement moléculaire calorifique du mouvement de gravitation.

Cette idée a été exprimée par Castel. Elle a été, depuis, énoncée à plusieurs reprises par des auteurs antérieurs à Mayer et Helmholtz.

Poisson remarque que la terre, primitivement à l'état gazeux, a dû développer pendant son changement d'état une quantité de chaleur considérable, qu'il suppose s'être échappée entièrement, sous forme de chaleur rayonnante, à travers les couches superficielles encore à l'état de vapeur, la solidification ayant commencé par le centre.

En 1835, Morin (*Introduction à une théorie générale de l'univers*) indique comme cause de la chaleur centrale de la terre, la concentration sous l'influence de la pesanteur des molécules gazeuses qui formaient primitivement la terre.

En 1840, Angelot énonce la théorie dans toute sa généralité. Il admet un état initial de la matière dans lequel les molécules étaient équidistantes et isothermes ; alors l'attraction s'exerçant, la rapidité avec laquelle les molécules ont dû se précipiter vers les centres qui se sont formés, quelque basse qu'ait été la température originaire et générale, a pu suffire pour produire au centre de la masse une température énorme.

» Actuellement, dit-il, nous assistons en quelque sorte à la contre-partie du phénomène.

» L'équilibre de température tend à se rétablir (la même

conclusion ressort de la théorie de la dissipation de Thomson); et pour le soleil et pour la terre en particulier, nous les voyons restituant graduellement aux espaces, sous forme rayonnante, le calorique que les matières qui les composent en avaient enlevé.

» La même théorie s'applique à tous les corps célestes; et les nébuleuses en se concentrant doivent développer une quantité de chaleur considérable. »

Enfin cette idée avait tellement passé dans le courant scientifique que Humboldt, dans le *Cosmos*, dit ceci :

« La condensation des nébuleuses doit nécessairement donner lieu à un développement de chaleur.

» Des faits nombreux, constatés dans notre propre système solaire, conduisent à expliquer la formation des planètes et leur chaleur interne par le passage de l'état gazeux à l'état solide et par la condensation progressive de la matière agglomérée en sphéroïde. »

L'idée inverse, l'idée de la transformation du mouvement calorifique en mouvement mécanique, a été émise pour la première fois par Montgolfier, qui imagina même sur ce principe une machine qu'il appelait pyro-bélier.

Cette idée fut reprise ensuite et très nettement formulée par M. Seguin, neveu de Montgolfier, qui en réalité est le fondateur de la théorie mécanique de la chaleur.

Mais revenons à la cosmogonie.

Après le père Castel, Fontenelle émit quelques aperçus remarquables.

Buffon toucha presque à la vérité et prépara Kant et Laplace.

Il explique les mouvements de révolution et de rotation
des planètes dans le même sens, dans le sens de rotation
du soleil, par une impulsion unique à laquelle toute la
masse aurait été soumise. Cette impulsion, il ne la cherche
pas comme le père Castel dans la rotation primitive, rotation produite elle-même d'une façon nécessaire par la gravitation de toutes les molécules ; il va chercher l'origine
de cette impulsion dans le choc d'une comète.

Il montre un esprit bien plus philosophique dans l'explication de la formation et des mouvements des satellites.

Les satellites dérivent de la matière même des planètes,
par suite de la force centrifuge développée à la surface des
planètes par le mouvement de rotation ; et cette force centrifuge chasse les parties les plus légères, jusqu'au point où
elle est équilibrée par la force centripète. C'est ainsi qu'il
explique la formation de l'anneau de Saturne.

Buffon se fait de l'origine de la chaleur solaire une idée
très remarquable et bien rapprochée des notions actuelles.
Il explique la production constante de chaleur et de lumière « par la pression de tous les corps qui circulent
autour du foyer commun, qui l'échauffent et l'embrasent,
comme une roue rapidement tournée embrase son essieu.
La pression qu'ils exercent en vertu de leur pesanteur équivaut au frottement et même est plus puissante, parce que
cette pression est une force pénétrante qui frotte non
seulement la surface extérieure, mais toutes les parties
intérieures de la masse. La rapidité de leur mouvement
est si grande que le frottement met nécessairement toute
la masse de l'essieu dans un état de lumière, de chaleur

et de feu, qui dès lors n'a pas besoin d'aliment pour être entretenu, et qui, malgré la déperdition qui s'en fait chaque jour par l'émission, peut durer des siècles et des siècles sans atténuation sensible. » Aujourd'hui on n'explique pas autrement la chaleur solaire.

Kant, dans son *Histoire naturelle du ciel*, développa les idées du père Castel et prépara Laplace.

La théorie de ce dernier est bien connue. Elle a reçu d'Aug. Comte un appui considérable : il démontra que la durée de la révolution sidérale de chaque planète est sensiblement égale à la durée de rotation du soleil, à l'époque où son atmosphère s'étendait jusqu'à la région où se trouve la planète, et de même pour chaque atmosphère planétaire à l'égard de tous les divers satellites respectifs.

Il y a un point curieux à remarquer dans la théorie de Laplace, c'est que la nébuleuse solaire s'est concentrée non par la gravitation mutuelle de ses molécules, mais par suite du refroidissement progressif de la nébuleuse rayonnant sa chaleur dans l'espace. La concentration par refroidissement ou rayonnement de chaleur expliquerait les phénomènes attribués généralement à la force d'attraction.

Le fait du dégagement de chaleur, au lieu d'être consécutif, est primitif, et produit le rapprochement des molécules. Au point de vue mécanique, en effet, on peut assimiler le rayonnement calorifique à un flux gazeux ou liquide; ce flux est accompagné d'un reflux, d'une réaction égale et contraire, c'est-à-dire que la molécule rayonnante est repoussée dans la direction opposée à celle du plus grand rayonnement calorifique.

Dans la nébuleuse solaire, les molécules rayonnant de la chaleur dans le milieu ambiant sont repoussées vers le centre.

Si c'était ici le lieu, il serait facile de faire voir que les corps du système solaire peuvent être considérés comme obéissant encore à cette loi de concentration vers le soleil, par suite du rayonnement dans l'espace. On verrait, par exemple, que la terre est attirée par le soleil, ou plutôt repoussée vers le soleil, parce que le soleil rayonnant de la chaleur, la ligne qui joint le soleil à la terre est pour celle-ci la ligne de son moindre rayonnement calorifique.

Après avoir étudié la cosmogonie de Descartes, nous devons voir comment il explique les phénomènes de lumière, de chaleur et de magnétisme.

On connaît trop bien les éminents services que Descartes a rendus à l'optique pour que je m'y arrête longtemps.

Il a ébauché la théorie des ondulations : La sensation lumineuse n'est pas produite par des molécules émises des corps et transportées à travers l'espace. La lumière est produite par la transmission d'une pression, par l'intermédiaire du fluide éthéré existant dans les espaces célestes et dans tous les corps ; pression partant du corps lumineux, se transmettant au nerf optique et de là aux molécules cérébrales. C'est, on le voit, la base du système des ondes. Descartes a pu se tromper sur quelques points ; ainsi, il affirme que la lumière se transmet en un instant ; mais, pour compenser son erreur, il indique immédiatement l'observation astronomique qui permettra de la réfuter.

Il compare très justement la transmission de la lumière à la transmission du choc dans une série de billes qui se touchent, mais il a tort de croire que cette transmission du choc est instantanée.

D'où provient, d'après lui, la coloration des corps?

« Il y a des corps qui, étant rencontrés par les rayons de lumière, les amortissent et leur ôtent toute leur force, à savoir ceux qu'on nomme noirs. »

On ne dirait pas mieux de nos jours, d'après la théorie mécanique de la lumière.

Les corps noirs « reçoivent en eux l'action de la lumière et ne la renvoient point, ainsi qu'une tapisserie reçoit en soi le mouvement de la balle qu'on pousse contre elle. »

Voici qui est encore plus précis et plus remarquable :

« La matière subtile ne perd pas tous ses mouvements contre les corps noirs, mais seulement celui qui sert à faire sentir la lumière. »

C'est dire qu'il y a transformation du mouvement lumineux.

Les corps blancs sont ceux qui ne font subir à la lumière solaire aucune modification.

Les corps colorés sont ceux qui font subir aux rayons de lumière une modification telle qu'une partie de la tendance au mouvement rectiligne se transforme (en diverses proportions, suivant les diverses couleurs) en tendance au mouvement rotatoire.

« La nature des couleurs produites par le prisme consiste en ce que les petites parties de la matière subtile qui transmet l'action de la lumière tendent à tournoyer avec plus de force qu'à se mouvoir en ligne droite ; en sorte que celles qui tendent à tourner beaucoup plus fort, causent le jaune ; comme au contraire, la nature de celles qui se voient dans le violet ne consiste qu'en ce que ces petites parties ne tournoient pas si vite qu'elles ont coutume lorsqu'il n'y a point de cause particulière qui les en empêche. »

Ces tendances plus ou moins fortes au tournoiement correspondent aux longueurs d'ondes des divers rayons colorés.

« J'ai jugé, dit-il, que pour la production des couleurs, il fallait pour le moins une réfraction, et même une dont l'effet ne fût point détruit par une contraire. » N'y a-t-il pas, dans ces derniers mots, le germe de l'expérience de la recomposition de la lumière ?

Il découvre et démontre par une décomposition de mouvement la loi de la réfraction de la lumière.

Il est clair que ce n'est qu'en violant les lois les plus élémentaires et les plus évidentes de la critique historique qu'on peut refuser cette découverte à Descartes.

Fermat arrive plus tard à la même loi, en partant du principe que la nature doit suivre la voie qui exige le temps le plus court. Newton explique la réfraction par l'attraction exercée sur les molécules lumineuses par les molécules matérielles.

Pour Descartes comme pour Newton, les sinus sont en raison directe de la résistance des milieux, et pour Fermat, en raison inverse.

La loi de la réfraction découverte, Descartes l'emploie à déterminer les surfaces des lentilles et des miroirs et à donner la théorie des principaux instruments d'optique. Rappelons, à ce propos, qu'il nie la possibilité ou du moins la puissance des miroirs ardents d'Archimède.

Les expériences de Buffon ont démontré que Descartes avait tort, et que les miroirs ardents pouvaient devenir de puissants engins de destruction.

Comparant la décomposition de la lumière dans la goutte d'eau à sa décomposition par le prisme, il explique la formation des deux arcs-en-ciel. Il ne manquait à sa théorie pour la rendre complète, dit Biot, que la connaissance de l'inégale réfrangibilité de la lumière.

Descartes ne pouvait pas constater l'inégale réfrangibilité de la lumière, par la raison qu'il n'admettait pas que la lumière fût une substance, encore moins qu'elle fût composée de sept substances diverses, ayant chacune ses propriétés optiques, calorifiques et chimiques particulières. Il se contente d'affirmer que toutes les fois que la lumière subit une réfraction dont l'effet n'est pas détruit, elle éprouve de la part du corps réfringent des modifications telles qu'elle présente certaines couleurs dont l'ordre et la situation sont déterminés.

Sur la nature de la chaleur, Descartes a émis quelques idées remarquables, d'accord du reste avec l'ensemble de son système, qui ne fait de tous les phénomènes que des modes du mouvement, soumis aux lois de la mécanique, et en particulier à la loi de la conservation du mouvement.

La chaleur, d'après lui, est un mouvement oscillatoire des molécules mêmes des corps. « C'est une telle agitation des petites parties des corps terrestres qu'on nomme en eux la chaleur, soit qu'elle ait été excitée par la lumière, soit par quelque autre cause. » « Tout mouvement violent produit le feu. »

Il indique comment le mouvement lumineux peut se transformer en mouvement calorifique, alors que les molécules éthérées viennent à rencontrer les molécules terrestres et leur communiquent leur mouvement.

« Les parties terrestres qui sont ainsi agitées par la lumière du soleil en agitent d'autres qui sont sous elles. »

Le mouvement calorifique « étant une fois excité en elles y doit demeurer jusqu'à ce qu'il soit transféré à d'autres corps. » De même que tous les autres mouvements qui ne se perdent jamais et ne font que se transférer, « la flamme continuerait d'être après qu'elle est une fois formée, et n'aurait besoin d'aucun aliment à cet effet, si ses parties, qui sont extrêmement fluides et mobiles, n'allaient point continuellement se mêler avec l'air qui est autour d'elles, et qui, leur ôtant leur agitation, fait qu'elles cessent de la composer, et ainsi ce n'est pas proprement pour être conservée qu'elle a besoin de nourriture, mais afin qu'il renaisse continuellement d'autre flamme qui lui succède, à mesure que l'air la dissipe. »

« L'air sert à nourrir la flamme ; toutefois les parties de l'air ne sauraient suffire à cela toutes seules, mais elles font aussi monter par les pores de la mèche les parcelles de cire à qui la chaleur du feu a déjà donné quelque agitation ; ce qui fait que la flamme se conserve en changeant sans cesse de matière. »

Cette dernière citation est remarquable.

La chaleur étant un mouvement, est capable de produire des effets mécaniques divers.

Mais « il y a bien plus de rencontres où le mouvement des plus grands corps doit passer dans les plus petits, qu'il n'y en a au contraire où les plus petits puissent donner le leur aux plus grands. » En langage moderne, cela signifie qu'il y a bien plus de mouvement mécanique qui se transforme en mouvement moléculaire que de mouvement moléculaire qui se transforme en mouvement mécanique, en sorte que l'univers tend vers un état où les mouvements de masse seraient supprimés, et où n'existeraient plus que les mouvements moléculaires.

Quels sont les effets de la chaleur ?

« La flamme est tellement agitée que si les corps qu'elle touche ne sont grandement durs et solides, elle ébranle toutes leurs parties et emporte avec soi celles qui ne lui font point trop de résistance. »

C'est par l'agitation qu'il donne à leurs parties que le feu fond et vaporise les corps.

En effet, « un corps est liquide lorsqu'il est divisé en plusieurs petites parties qui se meuvent séparément les unes des autres en plusieurs différentes façons, et il est dur, lorsque toutes ses parties s'entre-touchent sans être en action pour s'éloigner l'une de l'autre. »

Nous pouvons reconnaître que les molécules des fluides

sont mobiles « par plusieurs effets, et principalement parce qu'elles corrompent plusieurs autres corps, et que les parties dont ces liqueurs sont composées ne pourraient produire une action corporelle, telle qu'est cette corruption, si elles ne se mouvaient actuellement. »

« Lorsqu'on cuit la chaux, l'action du feu chasse quelques-unes des parties qui sont dans les pierres dont elle se fait. » Le feu chasse l'acide carbonique.

« Les cendres sont ce qui reste des corps entièrement brûlés, après que le feu a séparé beaucoup de parties qui ont servi à l'entretenir. »

Descartes réduisait les phénomènes chimiques à des phénomènes mécaniques, comme on doit le faire, et comme tend à le faire la science moderne. On voit en outre qu'il avait sur la combustion des idées très remarquables pour son époque.

Donnons, maintenant, un coup d'œil à la théorie de Descartes sur le magnétisme.

Il n'est pas besoin de dire qu'il repousse toute force attractive ou répulsive, et qu'il cherche à expliquer mécaniquement tous les phénomènes magnétiques.

Ses explications, très ingénieuses et contenant certainement une bonne part de vérité, demanderaient, pour être comprises, beaucoup de développements. Nous nous bornerons à quelques indications.

L'aimant, d'après lui, est un corps qui a des molécules tellement ajustées et orientées, qu'elles permettent, par les conduits qu'elles laissent entre elles, un libre cours au passage de la matière éthérée, mais dans un sens déterminé.

Ce qui distingue le fer de l'aimant, c'est que les molécules du fer ne sont pas orientées et permettent le passage de la matière éthérée dans tous les sens.

Si l'aimant transmet au fer sa vertu magnétique, c'est
que les courants éthérés sortant des conduits de l'aimant
« entrent en tel ordre et avec tant d'impétuosité dans les
pores du fer » qu'ils les disposent « en la façon qu'il
faut. » Si le fer s'aimante toujours selon la longueur, c'est
que le courant éthéré, rencontrant la résistance de l'air,
tend à se faire dans la direction du plus grand diamètre
de l'aimant.

L'aimant entier et chaque partie de l'aimant ont deux
pôles. L'aimant et chacune de ses parties sont parcourus
d'un pôle à l'autre par deux courants de matière éthérée
en sens inverse, entrant l'un par un pôle et l'autre par
l'autre.

Si le courant éthéré sortant par un des pôles ne rencontre pas de corps conducteurs, en face de la résistance
de l'air, il revient au pôle par où il était entré et recom-
mence son circuit.

Chaque aimant a donc autour de lui une sorte de tourbillon, qu'il garde à cause de la résistance de l'air.

Si un aimant se trouve dans le tourbillon d'un autre aimant, les pôles contraires des deux aimants s'attirent et
les pôles de même nom se repoussent.

Voici pourquoi :

Le courant éthéré qui a passé de A en B dans l'aimant 1, entrera avec la plus grande facilité dans l'aimant 2,
par le pôle A', de nom contraire à B, qui lui est opposé.

Car le courant qui est entré par A pourra entrer par A′, les pores étant disposés de la même façon.

Par la même raison, le courant éthéré, entré par B′ et sortant par A′, dans le second aimant, entrera facilement dans le premier par les pores du pôle B. Au contraire, le courant sortant par B n'entrerait pas par le pôle B′, pas plus qu'il ne pourrait rentrer par B, les pores disposés pour la sortie du courant ne l'étant pas pour l'entrée du même courant.

Dans ce dernier cas, on comprend que les deux pôles se repoussent.

Dans le premier cas, au contraire, le courant sortant de chaque pôle pénétrant facilement dans le pôle qui lui est opposé, et les deux courants sortant par les deux pôles extrêmes rencontrant la résistance du milieu ambiant, il est évident que les deux pôles moyens sont repoussés l'un vers l'autre.

La terre est un aimant, et c'est comme tel qu'elle agit sur l'aiguille aimantée. Comme tout autre aimant, la terre présente deux courants en sens inverses, l'un entrant par l'hémisphère boréal et sortant par l'hémisphère austral, et l'autre en sens contraire. Les courants sortants reviennent au point d'entrée par l'air, l'eau et la croûte terrestre. Dans ce trajet, le courant éthéré peut se transformer et produire un effet mécanique quelconque ; s'il rencontre un aimant, il lui donne en déclinaison et en inclinaison la direction voulue pour passer facilement à travers ses conduits.

Ce n'est qu'après avoir étudié l'univers et tous les phénomènes qu'il présente que Descartes aborde l'étude de l'homme.

Malgré toute son audace, il n'ose faire pour les corps vivants ce qu'il a fait pour les corps célestes : bien que l'homme soit pour lui une production fatale de la nature, il ne tente pas d'en démontrer la nécessité mécanique ; il prend l'homme tel qu'il est et en cherche le mécanisme. Il ne dit plus : donnez-moi de la matière et du mouvement, et je vous donnerai l'homme, comme il disait : je vous donnerai le monde.

S'il n'ose remonter jusqu'à la matière, il remonte du moins jusqu'à la première trace de l'organisation, jusqu'à la semence. « Si on connaissait bien, dit-il, quelles sont toutes les parties de la semence de quelque espèce d'animaux en particulier, par exemple de l'homme, on pourrait déduire de cela seul, par des raisons entièrement mathématiques, toute la figure et conformation de chacun de ses membres, comme aussi réciproquement, en connaissant plusieurs particularités de cette conformation, on en peut déduire quelle est la semence. »

Cette création mathématique, il a réellement la pensée et l'audace de la tenter. Nous ne nous astreindrons pas à le suivre pas à pas dans cette voie, qui bien longtemps encore sera impraticable.

« Dans la formation des plantes et dans celle des animaux, il y a cela de commun, dit-il, qu'elles s'effectuent toutes avec des particules de matière roulées en rond par la force de la chaleur. » Qu'est-ce qu'il faut voir dans cette proposition isolée et inexpliquée ? Bien que Descartes se soit certainement servi du microscope, et qu'il apprécie hautement les services qu'il pourra rendre dans l'étude « des divers mélanges et arrangements des petites parties dont les animaux et les plantes sont composés, » il est difficile de penser qu'il ait pu s'élever, relativement aux fonctions de la cellule, à une conception analogue à nos théories cellulaires modernes ; cependant l'idée exprimée n'en reste pas moins comme un nouvel exemple de la sagacité intuitive de Descartes.

Son plus illustre disciple, Malebranche, a émis sur la génération des plantes et des animaux des idées très profondes et très originales, comme tout ce qui est sorti de sa plume. Ces idées, ainsi que beaucoup d'autres du même auteur, ont été reprises par Leibnitz, auquel on les attribue généralement.

« Nous avons, dit Malebranche, des démonstrations mathématiques de la divisibilité de la matière à l'infini, et cela suffit pour nous faire croire qu'il peut y avoir des animaux plus petits et plus petits à l'infini, quoique notre imagination s'effarouche à cette pensée... Car enfin les petits animaux ne manquent pas aux microscopes, comme les microscopes manquent aux petits animaux... Il ne paraît point déraisonnable de penser qu'il y a des arbres infinis dans un seul germe, puisqu'il ne contient pas seulement l'arbre dont il est la semence, mais aussi un très grand nombre d'autres semences, qui peuvent toutes renfermer en elles-mêmes de nouveaux arbres et de nouvelles semences d'arbres, lesquels conserveront peut-être encore, dans une petitesse incompréhensible, d'autres arbres et d'autres semences aussi fécondes que les premières, et ainsi à l'infini. Ce que nous venons de dire des plantes et de leur germe se peut aussi dire des animaux et du germe dont ils sortent. Nous devons donc penser que tous les corps des hommes et des animaux qui naîtront jusqu'à la consommation des siècles ont peut-être été produits dès la création du monde. »

On le voit, toute la fameuse théorie de l'enveloppement des germes est là.

Plus tard, Diderot énonçait sur le même sujet des idées très curieuses, qui devançaient et dépassaient le transformisme contemporain. Nous le citerons ici, parce que cet homme de génie est peu connu comme homme de science.

« La nature, dit-il, n'a peut-être jamais produit qu'un seul acte.

» Il semble qu'elle se soit plu à varier le même mécanisme d'une infinité de manières différentes.

» Ne croirait-on pas qu'il n'y a jamais eu qu'un premier animal, prototype de tous les animaux, dont la nature n'a fait qu'allonger, raccourcir, transformer, multiplier, oblitérer certains organes? »

« Les êtres ne sont jamais, ni dans leur génération, ni dans leur conformation, ni dans leurs usages, que ce que les résistances, les lois du mouvement, et l'ordre universel les déterminent à être. »

« Si les êtres s'altèrent successivement en passant par les nuances les plus imperceptibles, le temps, qui ne s'ar-

rête point, doit mettre à la longue entre les formes qui
ont existé très anciennement, celles qui existent aujour-
d'hui, celles qui existeront dans les siècles reculés, la différence la plus grande. »

« Ce que nous prenons pour l'histoire de la nature
n'est que l'histoire d'un instant. »

« De même que, dans les règnes animal et végétal, un
individu commence, pour ainsi dire, s'accroît, dure, dé-
périt et passe, n'en serait-il pas de même pour des espè-
ces entières ? »

« Le philosophe ne pourrait-il pas soupçonner que
l'animalité avait de toute éternité des éléments particuliers
épars et confondus dans la masse de la matière ; qu'il est
arrivé à ces éléments de se réunir parce qu'il était possible que cela se fît ; que l'embryon formé de ces éléments
a passé par une infinité d'organisations et de développements ; qu'il s'est écoulé des millions d'années entre chacun de ses développements ; qu'il a peut-être encore
d'autres développements à subir ? etc. »

« De même qu'en mathématique, en examinant toutes
les propriétés d'une courbe, on trouve que ce n'est que la
même propriété sous des faces différentes, dans la nature
on reconnaîtra, lorsque la physique expérimentale sera
plus avancée, que tous les phénomènes ou de la pesanteur,
ou de l'élasticité, ou du magnétisme, ou de l'électricité, ne
sont que des faces différentes de la même affection. Il y a
peut-être un phénomène central, qui jetterait des rayons
non seulement à ceux qu'on a, mais encore à tous ceux
que le temps ferait découvrir. »

« Les éléments doivent avoir des différences essentielles.
Il est, il a été, ou il sera une combinaison artificielle ou
naturelle dans laquelle un élément est, a été ou sera porté
à sa plus grande division possible. La molécule d'un élément dans cet état de division extrême est indivisible d'une
indivisibilité absolue, puisqu'une division ultérieure de
cette molécule, étant hors des lois de la nature et hors
des forces de l'art, n'est plus qu'intelligible. L'état de division dernière possible dans la nature ou par l'art n'étant
pas le même, selon toute apparence, pour des matières
essentiellement hétérogènes, il s'ensuit qu'il y a des molécules essentiellement différentes en masse et toutefois absolument indivisibles en elles-mêmes. »

Dans ces citations, qu'on me pardonnera, il y a trois
choses à remarquer : le transformisme, l'unité des forces
physiques et les atomes. Mais revenons à Descartes. Nous
l'avons laissé cherchant l'homme dans la semence.

Dans la génération, le mâle et la femelle fournissent
chacun leurs semence « qui, servant de levain l'une à
l'autre, se réchauffent, en sorte que quelques-unes de leurs
particules acquérant la même agitation que le feu, se di-
latent, pressent les autres, et par ce moyen les disposent
peu à peu en la façon qui est requise pour former les
membres. »

Il faut remarquer que tous les écrits de Descartes sur
l'embryogénie et presque tous ses écrits de médecine sont
des œuvres posthumes, quelques-unes composées dans sa
jeunesse, et à l'état d'ébauche informe.

Il est facile de constater, par exemple, que les *Pre-*

mières pensées sur la génération des animaux ont été composées à une époque où il ne connaissait pas encore la circulation du sang. Ce fait explique certaines négligences de style et d'idée.

« La chaleur est le grand ressort et le principe de tous les mouvements qui sont en la machine. »

Cette idée, qui est l'idée fondamentale de la physiologie de Descartes, se retrouve donc dans son embryogénie.

La chaleur, pour lui, est le principe de la formation, de l'accroissement et de la figuration du corps.

D'où provient cette chaleur ?

« Il n'est pas besoin d'imaginer que cette chaleur soit d'autre nature qu'est généralement toute celle qui est causée par le mélange de quelque liqueur. »

Elle est donc d'origine chimique. Cette idée est aussi juste que profonde.

De même que, chez l'adulte, le mouvement n'est qu'une transformation de la chaleur produite par les phénomènes chimiques, et particulièrement par la combustion respiratoire ; de même, les phénomènes de la génération, eux aussi, ne s'accomplissent que par la transformation d'une certaine quantité de chaleur d'origine chimique.

« Quelqu'un dira avec dédain qu'il est ridicule d'attribuer un phénomène aussi important que la formation de l'homme à de si petites causes : mais quelles plus grandes causes faut-il donc que les lois éternelles de la nature ? Veut-on l'intervention immédiate d'une intelligence ? De quelle intelligence ? — De Dieu lui-même.

— « Pourquoi donc naît-il des monstres ? »

Cette démonstration pressée, fougueuse, irrésistible, rappelle Pascal. Il serait fastidieux de suivre Descartes dans l'explication mécanique de la formation de chaque membre, de chaque organe, bien que ses explications soient quelquefois curieuses et intéressantes. La science, même à l'époque actuelle, n'est pas encore assez avancée pour que ce genre de recherches ait chance d'aboutir.

Il faut savoir gré à Descartes d'avoir posé le principe vrai que les phénomènes de la génération et du développement sont réglés comme tous les autres par les lois mécaniques, sans le blâmer d'avoir échoué dans l'application.

Descartes distingue dans l'homme vivant deux grandes catégories de phénomènes : les phénomènes physiques et les phénomènes psychiques. Les phénomènes physiques sont tous réductibles au mouvement. Les phénomènes de la pensée y sont irréductibles.

Avant d'étudier les phénomènes de la pensée et leur correspondance mathématique avec les phénomènes de la vie, il étudie d'abord le corps humain, pour en expliquer mécaniquement toutes les fonctions.

« Toutes les fonctions que j'ai attribuées à cette machine suivent naturellement de la seule disposition des organes, ni plus ni moins que font les mouvements d'une horloge ou autre automate de celle de ses contrepoids et de ses roues, de sorte qu'il ne faut point, à leur occasion, concevoir en elle aucune âme végétative, ni sensitive, ni aucun principe de mouvement et de vie que son sang et ses esprits agités par la chaleur, chaleur qui n'est point d'autre nature que les feux inanimés. » Ainsi voilà qui est bien net : les phénomènes biologiques, de même que les phénomènes de la chaleur, de la lumière, du magnétisme, de même que les phénomènes astronomiques, ne sont soumis qu'à une seule et même force, et cette force c'est le mouvement, qu'à une seule et même loi, la loi mécanique.

Cela est évidemment et absolument vrai; mais en pratique, à l'époque de Descartes et même à l'époque actuelle, tenter de réduire tous les actes de l'organisme à des modes de mouvements et de les soumettre aux lois mécaniques, est une entreprise irréalisable.

Comme le dit très-bien Auguste Comte :

« Il n'y a aucune raison de penser que les phénomènes les plus complexes des corps vivants soient essentiellement d'une autre nature spéciale que les phénomènes les plus simples des corps bruts... Tout phénomène est logiquement susceptible d'être représenté par une équation aussi bien qu'une courbe ou un mouvement, sauf la difficulté de la trouver et celle de la résoudre, qui peuvent être et sont souvent supérieures aux plus grandes forces de l'esprit humain. »

Mais aucune difficulté ne rebute le génie de Descartes, et cette réduction de l'organisme au mécanisme, il la tente. Et, tout d'abord, il l'a déclaré : la somme de mouvement est constante dans l'univers ; le mouvement ne naît pas du repos ; le mouvement est toujours du mouvement donné. D'où proviennent donc tous les mouvements de l'organisme? D'où vient au corps vivant la force d'accomplir tous ses actes, toutes ses fonctions? Serait-ce que l'homme fait exception à la règle? pourrait-il se soustraire aux lois mécaniques, et créer du mouvement?

Il n'en est rien. Le corps humain, comme toute machine, a son moteur.

« La chaleur est comme le grand ressort et le principe de toute la machine. »

« Le feu est l'agent le plus fort que nous connaissions en toute la nature. »

« Voyant que tous les corps morts sont privés de chaleur et ensuite de mouvement, on s'est imaginé que c'est l'absence de l'âme qui fait cesser ces mouvements et cette chaleur, et ainsi on a cru sans raison que notre chaleur naturelle et tous les mouvements de nos corps dépendent de l'âme : au lieu qu'on devait penser au contraire que l'âme ne s'absente lorsqu'on meurt qu'à cause que cette chaleur cesse, et que les organes qui servent à mouvoir le corps se corrompent. »

« Le corps d'un homme vivant diffère autant du corps d'un homme mort que fait une montre, ou autre automate, lorsqu'elle a en soi le principe corporel des mouvements pour lesquels elle est instituée avec tout ce qui est requis pour son action, et la même montre ou machine, lorsque son principe d'action est rompu et qu'elle cesse d'agir. »

Nous savons que la chaleur est, pour Descartes, un mouvement moléculaire.

La chaleur animale « n'est point d'autre nature que celle de tous les feux qui sont dans la nature ; » elle est le résultat de réactions chimiques.

« Il n'est pas besoin d'imaginer qu'elle soit d'autre nature qu'est généralement celle qui est causée par le mélange de quelque liqueur. »

« Le sang des veines entretient une espèce de feu, et ce feu est le principe corporel de tous les mouvements de nos membres. »

« La respiration est nécessaire à l'entretènement de ce feu. »

On le voit, le but de la respiration est indiqué tel que Lavoisier l'a démontré plus tard : entretenir la chaleur animale.

« L'air sert à nourrir la flamme. »

De même « l'air de la respiration se mêlant en quelque façon avec le sang, avant qu'il entre dans la concavité gauche du cœur, fait qu'il s'y embrase plus fort et produit des esprits plus vifs et plus agités. »

« Le sang, après avoir passé par le poumon, a plus de facilité à se dilater et à se réchauffer qu'il n'en avait avant d'être rentré dans le cœur. »

Aussi « les animaux sans poumons sont d'une température beaucoup plus froide. »

« Le sang porte la chaleur qu'il acquiert à toutes les parties du corps et leur sert de nourriture. »

Descartes a été le propagateur le plus puissant de la circulation du sang, à une époque où elle était encore niée par la plupart des autorités médicales.

Par quel mécanisme se fait cette circulation?

Harvey admettait que le cœur chassait le sang dans les vaisseaux par sa contraction active.

Descartes n'admet pas cette contraction, qui lui paraît inexplicable d'après les lois mécaniques.

« En supposant que le cœur se meut de la façon qu'Harvæus le décrit, il faut imaginer quelque faculté qui cause ce mouvement, la nature de laquelle est très-difficile à concevoir. »

Par quoi remplace-t-il la force motrice du cœur? Par une erreur, mais par une erreur digne de son génie : par la puissance de la chaleur, agissant absolument comme elle agit dans nos machines à vapeur.

Il admet que « le cœur est le siège d'un développement de chaleur considérable. »

« Sachez que le cœur contient un de ces feux sans lumière dont je vous ai parlé. »

Il y a là une erreur, car cette chaleur, se transformant à chaque instant en travail mécanique, ne peut élever la température du cœur à un degré aussi considérable que l'admet Descartes.

« Le feu est le premier et principal ressort de toute la machine. »

Le cœur est le foyer et la chaudière de la machine humaine.

Le sang arrivant des veines dans le cœur, s'y dilate à cause de la température élevée qu'il y rencontre, presse sur les soupapes, et repousse la colonne sanguine dans les artères de la même façon que la vapeur pousse le piston dans nos machines à vapeur.

Le travail mécanique étant produit, et la presque totalité du liquide s'étant échappée par les soupapes artérielles, la pression baisse dans les ventricules, et augmente au contraire dans les vaisseaux; aussi le sang veineux entre dans les ventricules, où il se dilate de nouveau.

Dans l'assimilation de l'organisme à une machine il y a certainement une grande part de vérité; il est cependant une différence qu'il ne faut pas négliger.

L'homme est une machine, plus le chauffeur; c'est-à-dire que l'homme se fournit à lui-même le combustible par les aliments qu'il ingère, tandis que dans la machine à vapeur le combustible est fourni par le chauffeur; mais la différence n'est pas essentielle, car on peut parfaitement se représenter une machine qui, dans un milieu convenable, utiliserait une partie de sa force à s'alimenter elle-même.

« Bien que le sang qui entre dans le cœur vienne de tout les autres endroits du corps, il arrive souvent néanmoins qu'il y est davantage poussé de quelques parties que des autres, à cause que les nerfs et les muscles qui répondent à ces parties le poussent et l'agitent davantage; et, selon la diversité des parties desquelles il vient le plus, il se dilate diversement, et ensuite produit des esprits qui ont des qualités différentes. »

Il y a là une vue extrêmement juste et parfaitement confirmée par la science moderne : le sang de chaque organe présente des propriété physiques, chimiques et organiques spéciales; et la prédominance dans le sang de principes provenant d'un organe particulier peut amener dans l'organisme des modifications très-profondes, et même la mort.

Mais le sang ne sert pas seulement à porter la chaleur dans tout le corps; il sert aussi à le nourrir, à éliminer les molécules usées par le fonctionnement et à les remplacer par des molécules nouvelles.

« Il faut considérer que les parties des corps qui ont vie, c'est-à-dire des plantes et des animaux, sont en continuel changement, en sorte qu'il n'y a d'autre différence entre celles qu'on nomme fluides et celles qu'on nomme solides, sinon que chaque particule de celles-ci se meut beaucoup plus lentement que celles des autres. »

« La matière de notre corps s'écoulant sans cesse ainsi que l'eau d'une rivière, il est besoin qu'il en revienne d'autre en la place. »

Le rénovation continue de tout ce qui vit est, on le voit, bien nettement formulée par Descartes.

Les matériaux de la rénovation sont fournis au sang par la digestion.

La digestion est, pour Descartes, une action chimique exercée sur les aliments par un suc corrosif, c'est-à-dire acide.

« Les viandes se digèrent dans l'estomac par la force de certaines liqueurs, qui, se glissant entre leurs parties, les séparent, les agitent, ainsi que l'eau commune fait celles de la chaux vive, ou l'eau forte celles des métaux. »

« Lorsque les liqueurs de l'estomac n'y trouvent pas assez de viande à dissoudre pour occuper leur force, elles la tournent contre l'estomac même, et, en agitant ses nerfs, donnent l'idée de la faim. »

Les aliments digérés, l'absorption se fait mécaniquement.

« L'agitation que reçoivent les petites parties de ces viandes en s'échauffant, jointe à celle de l'estomac et des boyaux qui les contiennent, et à la disposition des petits filets dont ces boyaux sont composés, fait qu'à mesure qu'elles se digèrent, elles descendent peu à peu vers le conduit par où les plus grossières d'entre elles doivent sortir, et que cependant les plus agitées et les plus subtiles rencontrent çà et là une infinité de petits trous par où elles s'écoulent dans les rameaux d'une grande veine et en d'autres qui les portent ailleurs, sans qu'il y ait rien que la petitesse de ces trous qui les séparent des plus grossières ; ainsi que, quand on agite de la farine dans un sac, toute la plus pure s'écoule, et il n'y a rien que la petitesse des trous par où elle passe qui empêche que le son ne suive. »

Il attribue une certaine part dans l'absorption et dans le cours des matières ingérées à l'agitation de l'estomac et des intestins. Par agitation, il entend la contraction musculaire. Voici, en effet, ce qu'on lit dans une lettre :

« Je compte entre les muscles presque tout le corps des intestins et du ventricule, et j'ai remarqué dans les chiens ouverts tout vifs, que leurs boyaux ont un mouvement réglé comme celui de la respiration. »

Les parties les plus subtiles et les plus agitées du chyle, après avoir subi dans leur trajet certaines élaborations qui en ont fait des parties constitutives du sang, après avoir traversé le cœur droit, le poumon et le cœur gauche, arrivent enfin dans les artères de la grande circulation. C'est alors seulement qu'elles peuvent servir à la rénovation. C'est à l'extrémité des artères, c'est-à-dire dans les capillaires, que se passent les phénomènes de rénovation moléculaire.

Mais comment se fait-il que chaque tissu, chaque organe

emprunte précisément au sang les molécules spéciales dont il a besoin?

A-t-il le pouvoir de les choisir? Non, ici pas plus qu'ailleurs il n'y a choix ou attraction; tout se passe conformément aux lois de la mécanique. C'est tout simplement la situation dans le système vasculaire, la forme du réseau, la grandeur et la figure des pores qui existent dans les parois des capillaires, qui déterminent la sortie de telle ou telle molécule à tel ou tel endroit. Toutes ces circonstances restant les mêmes, ce seront toujours des molécules identiques qui seront déterminées à sortir au même endroit.

« Pour savoir particulièrement en quelle sorte chaque portion de l'aliment va se rendre à l'endroit du corps à la nourriture duquel elle est propre, il faut considérer que le sang n'est autre chose qu'un amas de plusieurs petites parcelles des viandes qu'on a prises pour se nourrir; de façon qu'on ne peut douter qu'il ne soit composé de parties qui sont fort différentes entre elles, tant en figure qu'en solidité et en grandeur; et je ne sache que deux raisons qui puissent faire que chacune de ses parties s'aille rendre en certains endroits du corps plutôt qu'en d'autres.

» La première est la situation du lieu au regard du cours qu'elles suivent, l'autre la grandeur et la figure des pores où elles entrent, ou bien des corps auxquels elles s'attachent; car, de supposer en chaque partie du corps des facultés qui choisissent et qui attirent les particules de l'aliment qui lui sont propres, c'est feindre des chimères incompréhensibles, et attribuer beaucoup plus d'intelligence à ces chimères que notre âme même n'en a, vu qu'elle ne connaît en aucune façon ce qu'il faudrait qu'elles connussent. »

Les molécules qui ne sont pas assimilables continuent leur circuit jusqu'à ce que, suffisamment élaborées, elles deviennent assimilables, ou bien elles sont excrétées avec les molécules qui ont déjà servi.

La nature des sécrétions et des excrétions est déterminée également par des conditions purement mécaniques, situation, grandeur et figure des pores, etc. « Ce sont des cribles diversement percés qui font tout cela. »

Parmi les sécrétions, les esprits animaux sécrétés par le cerveau sont d'une importance toute particulière.

Les esprits animaux sont la partie la plus subtile du sang.

« Ce que je nomme ici des esprits, ce sont des corps, » seulement des corps très petits et très mobiles.

Au sortir du cœur gauche, les esprits animaux, à cause de leur mobilité et de leur ténuité, montent directement vers le cerveau avec le sang. A mesure que le sang, en s'approchant du cerveau, passe dans des conduits vasculaires de plus en plus étroits, il se trie, il se dépouille de ses parties grossières : arrivé dans le cerveau, il ne contient plus que des parties très ténues, et parmi ces dernières, ce ne sont que les plus subtiles, les esprits animaux qui puissent passer à travers les pores vasculaires.

« Or, à mesure que les esprits entrent ainsi dans les concavités du cerveau, ils passent de là dans les pores de la substance, et de ces pores dans les nerfs, où, selon qu'ils entrent ou seulement tendent à entrer plus ou moins dans les uns que dans les autres, ils ont la force de changer la figure des muscles en qui ces nerfs sont insérés, et par ce moyen de faire mouvoir tous les membres, ainsi que vous pouvez avoir vu dans les grottes et les fontaines qui sont aux jardins de nos rois que la seule force dont l'eau se meut en sortant de la source est suffisante pour y mouvoir diverses machines, et même pour les y faire jouer de quelques instruments ou prononcer quelques paroles, selon les diverses dispositions des tuyaux.

» Et l'on peut fort bien comparer les nerfs aux tuyaux des machines de ces fontaines, les muscles et tendons aux divers engins et ressorts qui servent à les mouvoir, les esprits animaux à l'eau qui les remue, dont le cœur est la source, et dont les concavités du cerveau sont les regards.

» De plus, la respiration et autres telles actions qui nous sont naturelles et ordinaires, et qui dépendent du cours des esprits, sont comme les mouvements d'une horloge ou d'un moulin, que le cours ordinaire de l'eau peut rendre continus. Les objets extérieurs qui par leur seule présence agissent contre les organes des sens, et qui par ce moyen les déterminent à se mouvoir en plusieurs diverses façons, sont comme des étrangers qui en entrant dans ces grottes causent eux-mêmes, sans y penser, les mouvements qui s'y font en leur présence, car ils n'y peuvent entrer sans marcher sur certains carreaux tellement disposés qu'ils amènent tel ou tel mouvement. L'âme raisonnable est le fontenier. »

Cette page tout entière est admirable ; notons-y le passage relatif aux mouvements réflexes consécutifs à une impression sensorielle.

Nous verrons, plus tard, que Descartes a eu des mouvements réflexes en général une idée très claire et très juste.

Descartes fait du cerveau le cœur du système nerveux. Il est le réservoir des esprits animaux, le point de départ et le point d'arrivée de tous les nerfs, l'organe de toutes les volitions, de toutes les sensations, de toutes les pensées.

Descartes paraît croire en outre, et en cela il s'est trompé, que le cerveau est l'intermédiaire nécessaire de toutes les actions réflexes.

Quant à sa structure « on ne saurait rien imaginer de plus vraisemblable touchant le cerveau que de dire qu'il est composé de plusieurs petits filets diversement entrelacés, vu que toutes les peaux et toutes les chairs paraissent aussi composées de plusieurs fibres ou filets, et qu'on remarque le même en toutes les plantes, en sorte que c'est une propriété qui semble commune à tous les corps qui peuvent croître et se nourrir par l'union et la jonction des petites parties des autres corps. »

Le cerveau est l'organe de la pensée.

Bien que l'âme soit « présente à tout le corps » c'est par le cerveau que « l'âme pense, imagine et sent, » « car c'est l'âme qui sent, et non le corps. »

« De dire que les pensées ne sont que des mouvements du corps, c'est chose aussi apparente que de dire que le feu est glace, ou que le blanc est noir. »

On connaît la conclusion du matérialisme de nos jours : la pensée n'est qu'un mode du mouvement. Descartes a démontré d'une façon irréfutable la contradiction gisant dans les termes mêmes de la formule. Par la définition même, la pensée et le mouvement sont absolument irréductibles l'un à l'autre ; on ne conçoit entre un mouvement, quel qu'il soit, et la plus grossière ébauche de la sensation aucune transition possible.

Un mouvement aussi compliqué qu'on veuille le supposer, de quelque façon qu'on le modifie, ne deviendra jamais pensée.

Mais, dira-t-on, le mouvement mécanique peut bien se transformer en chaleur, en lumière, etc., pourquoi le mouvement moléculaire cérébral ne se transformerait-il pas en pensée ?

La réponse est bien simple.

Un mouvement ne peut se transformer qu'en un autre mouvement : le mouvement ne peut donner que ce qu'il a, le mouvement ; en se transformant en chaleur ou en lumière, le mouvement visible se transforme en mouvement moléculaire ; il ne se transforme pas en sensation, et l'évidence dit qu'il ne le peut pas.

Et cependant, il est un fait absolument certain ; c'est que chaque mode psychique correspond à un mode déterminé des molécules cérébrales. Descartes le reconnaît et l'affirme. Mais ce mouvement particulier des molécules cérébrales, correspondant mathématiquement à chaque sensation, à chaque volition, à chaque pensée, est lui-même déterminé. Le mouvement n'est pas libre ; le mouvement se transmet et se modifie en vertu de lois absolument nécessaires, absolument invincibles.

Si les mouvements moléculaires cérébraux sont déterminés, les pensées le sont donc aussi. Descartes pas plus que Malebranche, pas plus que Spinosa, n'a reculé devant la conséquence. La pensée n'est pas plus libre que la matière.

L'homme est un automate spirituel en même temps qu'un automate corporel, et ces deux automates se correspondent exactement, marchent d'accord.

Si la pensée n'est pas un mode de mouvement, comment expliquer cette correspondance parfaite entre les modes psychiques et les modes matériels. Comment expliquer, par exemple, que « la détermination de notre volonté au mouvement coïncide avec la cause corporelle du mouvement? »

Malebranche en a cherché l'explication dans la théorie des causes occasionnelles, que Leibnitz a baptisée plus tard du nom d'harmonie préétablie.

Spinosa a le mieux résolu le problème : La pensée et le mouvement sont deux modes de manifestation d'une substance unique.

Les manifestations correspondant à un moment identique du développement de la substance unique, correspondent entre elles; elles ne sont, en quelque sorte, que deux faces du même objet.

Le cerveau est le point d'arrivée des impressions et le point de départ des volitions motrices.

Les impressions et les volitions sont transmises par les nerfs.

Quelle est la structure des nerfs?

Sur ce point, Descartes a des notions assez approchées de la vérité.

« Il faut distingner trois choses en ces nerfs, à savoir : premièrement, les peaux qui les enveloppent et qui, prenant leur origine de celles qui enveloppent le cerveau, sont comme de petits tuyaux, divisés en plusieurs branches qui se vont épandre çà et là par tous les membres, en même façon que les veines et les artères; puis leur substance intérieure, qui s'étend en forme de petits filets tout le long de ces tuyaux depuis le cerveau, d'où elle prend son origine, jusqu'aux extrémités des autres membres, où elle s'attache, en sorte qu'on peut imaginer en chacun de ces tuyaux plusieurs de ces petits filets indépendants les uns des autres; puis, enfin, les esprits animaux, qui sont comme un air ou un vent très subtil, qui, venant des chambres ou concavités qui sont dans le cerveau, s'écoule par ces mêmes tuyaux dans les muscles. »

« Ces petits filets, enfermés, comme j'ai dit, en des tuyaux qui sont enflés et tenus ouverts par les esprits qu'ils contiennent, ne se pressent ni empêchent aucunement les uns les autres, et sont étendus depuis le cerveau jusqu'aux extrémités de tous les membres qui sont capables de quelque sentiment, en telle sorte que, pour peu qu'on touche et fasse mouvoir l'endroit de ces membres où quelqu'un d'eux est attaché, on fait aussi mouvoir au même instant l'endroit du cerveau d'où il vient, ainsi qu'en tirant l'un des bouts d'une corde qui est toute tendue, on fait mouvoir au même instant l'autre bout. »

Ainsi, ce sont les esprits animaux qui transmettent le

mouvement aux muscles, et les petits filets nerveux qui transmettent les impressions au cerveau.

Sept genres d'impression peuvent être transmises au cerveau. Ces impressions correspondent à sept sens, « deux desquels peuvent être appelés intérieurs et les cinq autres extérieurs. »

Les deux sens intérieurs ont pour point de départ les viscères.

Le premier fait naître en nous les sensations de la faim, de la soif, et tous les appétits naturels. Ces sensations sont excitées « par les mouvements des nerfs de l'estomac, du gosier et de toutes les autres parties qui servent aux fonctions naturelles pour lesquelles on a de tels appétits. »

Le second des sens intérieurs fait naître en nous la joie, le tristesse, l'amour, etc., en un mot les passions. Ces passions sont « causées, entretenues et fortifiées par le mouvement des esprits. »

Le mouvement des esprits peut être déterminé par les impressions faites sur les extrémités périphériques des nerfs, ou bien par l'action du cœur.

Il ne faut pas oublier, en effet, que le cœur est la source des esprits animaux, et qu'ils peuvent pénétrer directement à travers les pores des vaisseaux dans les cavités du cerveau. Or, arrivés dans le cerveau, ils peuvent déterminer non seulement des mouvements réflexes, mais encore des passions.

Les passions excitées dans le cerveau réagissent à leur tour sur les viscères, et particulièrement sur le cœur, par l'intermédiaire des nerfs qui y aboutissent.

« Chez ceux qui ont bu, les vapeurs du vin montent du cœur au cerveau et là se transforment en esprits qui plus forts et plus abondants que d'ordinaire sont capables de mouvoir le corps en plusieurs étranges façons. »

« Cette inégalité des esprits peut aussi procéder des diverses dispositions des organes qui contribuent à leur production (foie, rate, estomac, etc.). »

Toutes les passions sont réductibles, d'après Descartes, à six passions élémentaires, qui sont « l'admiration, l'amour, la haine, la joie, la tristesse, le désir. »

Chacune d'elles est accompagnée de modifications particulières dans le système vasculaire, et chacune se traduit par des signes extérieurs : coloration, attitude, regard ; en un mot chacune a sa physionomie spéciale.

Descartes cherche à constater et à expliquer les rapports du physique et du moral. Nous ne suivrons pas Descartes dans cette étude, nous ne ferons que donner un exemple de sa manière de procéder.

Qu'est-ce que la langueur, et comment se produit-elle ?

« La langueur est une disposition à se relâcher et être sans mouvement, qui se fait sentir dans tous les membres. Elle vient de ce que la glande pinéale ne détermine point les esprits à aller vers aucuns muscles plutôt que vers d'autres. La passion qui cause le plus souvent cet effet est l'amour, car l'amour occupe tellement l'âme de l'objet aimé qu'elle emploie tous les esprits qui sont dans le cerveau à lui en représenter l'image, et arrête tous les mouvements qui ne servent point à cet effet. »

L'observation permet en effet de constater ces faits de

paralysie consécutifs à une émotion morale ou à une douleur physique violente.

« La passion est une conséquence inévitable des causes physiques qui l'ont déterminée.

» La passion est accompagnée de quelque émotion qui se fait dans le cœur, et par conséquent dans le sang et dans les esprits, en sorte que jusqu'à ce que cette émotion ait cessé, elle demeure présente à notre pensée, de même façon que les objets sensibles y sont présents aussi longtemps qu'ils agissent sur les organes des sens. »

Il arrive souvent que deux impulsions se contrarient, alors la plus forte empêche l'effet de l'autre.

Outre les deux sens intérieurs, dont nous venons de parler, l'homme possède cinq sens extérieurs.

« Le premier est l'attouchement.

» Les nerfs de la peau excitent autant de divers sentiments en l'âme qu'il y a de diverses façons dont ils sont mus, ou dont leur mouvement ordinaire est empêché; à raison de quoi l'on a attribné aussi autant de diverses qualités à ces corps; et l'on a donné à ces qualités les noms de pesanteur, de chaleur, d'humidité et semblables, qui ne signifient rien autre chose, sinon qu'il y a en ces corps ce qui est requis pour faire que nos nerfs excitent en notre âme les sentiments de dureté, etc. »

Les sensations de douleur et de volupté sont excitées aussi par les nerfs du tact, suivant la force plus ou moins grande de l'impression qu'ils subissent.

Ce n'est pas la peau qui est l'organe du tact, ce sont les nerfs qui y aboutissent.

La chaleur du sang communique aux extrémités nerveuses un certain mouvement. « Si ce mouvement est augmenté ou diminué en eux par quelque cause extraordinaire, son augmentation fera avoir à l'âme le sentiment de la chaleur, et sa diminution celui de la froideur. »

« En se frottant seulement les mains, on les échauffe, et tout autre corps peut être échauffé sans être mis auprès du feu, pourvu seulement qu'il soit agité et ébranlé en telle sorte que plusieurs de ses parties se remuent.

« Le sens qui est le plus grossier après l'attouchement est le goût. »

Le goût n'est qu'un toucher plus délicat « tant à cause que les filets de la langue et ceux de la bouche sont un peu plus déliés, comme aussi parce que les peaux qui les recouvrent sont plus tendres. »

Le troisième sens est l'odorat. « Il a pour objet les petites parties des corps terrestres qui voltigent par l'air. »

« Le quatrième est l'ouïe, qui n'a pour objet que les divers tremblements de l'air. »

« Les divers tremblements de l'air sont rapportés à l'âme par les nerfs auditifs et lui font ouïr autant de divers sons. »

« Enfin, le plus subtil de tous les sens est celui de la vue ; car les nerfs optiques qui en sont les organes ne sont point mus par l'air, ni par les autres corps terrestres, mais seulement par les parties du second élément (éther) qui, passant par les pores de toutes les humeurs et peaux transparentes des yeux, parviennent jusqu'à ces nerfs, et selon les diverses façons qu'elles se meuvent, elles font sentir à l'âme toutes les diversités des couleurs et de la lumière. »

Les sensations n'existent pas en dehors de notre pensée.

Toutes les qualités des corps ne sont « rien hors de notre pensée, sinon les mouvements, grandeurs et figures de quelque corps. » Si les corps trop petits nous échappent, c'est qu'ils n'ont point la force de mouvoir nos nerfs.

Nous avons déjà étudié l'optique de Descartes; nous n'avons pas à revenir sur la nature de la lumière, son origine, ses lois. L'œil est l'organe de la vision.

Avant d'en étudier les fonctions, Descartes en fait une description sommaire, mais très juste :

« L'œil est enveloppé de trois peaux, qui sont : la sclérotique, la choroïde, la rétine. »

« Trois sortes de glaires ou d'humeurs remplissent tout l'espace contenu au-dedans de ces peaux. »

« L'humeur cristalline cause à peu près la même réfraction que le verre ou le cristal, les deux autres, un peu moindre, environ comme l'eau commune. »

La cornée est une dépendance de la sclérotique. L'œil est une chambre noire. La preuve est facile à fournir :

« Prenez l'œil de quelque gros animal fraîchement mort, coupez dextrement vers le fond les trois peaux qui l'enveloppent, en sorte qu'une grande partie de l'humeur qui y est demeure découverte; puis vous présenterez cet œil à l'ouverture d'une fenêtre pratiquée tout exprès, de manière à ce que la cornée ait en perspective divers objets éclairés par le soleil;... cela fait, si vous regardez par l'espace transparent que vous vous êtes ménagé, vous y verrez, non peut-être sans admiration et plaisir, une peinture qui représentera fort naïvement tous les objets qui sont au-dehors en perspective. »

La fonction dioptrique de l'œil est de concentrer sur la rétine même les rayons lumineux partant d'un même point.

Mais comment se fait-il que cet instrument optique soit également approprié aux diverses distances ? La situation de l'image doit varier, semble-t-il, avec la distance de l'objet lumineux.

L'œil s'accommode de telle sorte que l'image se forme toujours sur la rétine même.

Descartes l'avait parfaitement reconnu. « Plusieurs petits filets noirs embrassent tout autour l'humeur cristalline, et semblent autant de petits tendons par lesquels cette humeur devenant tantôt plus voûtée, tantôt plus plate, selon l'intention que l'on a de regarder des objets près ou éloignés... Et vous pouvez connaître ce mouvement par expérience, car, si lorsque vous regardez fixement une tour ou une montagne éloignée, on présente un livre devant vos yeux, vous n'y pourrez voir distinctement aucune lettre, jusqu'à ce que leur figure soit un peu changée. »

Ainsi Descartes comprend très bien la nécessité de l'accommodation, et il l'explique par un changement de forme du cristallin. La science moderne, par les recherches de Helmholtz et de Cranmer, a démontré qu'il avait raison.

Il attribue cette modification dans les surfaces de courbure du cristallin à l'action d'un muscle « embrassant tout autour l'humeur cristalline. » De nos jours, le microscope a parfaitement démontré ce muscle, qu'on appelle muscle accommodateur ou muscle de Brücke.

Cependant il y a des yeux conformés de telle sorte « qu'ils ne peuvent servir qu'à regarder les objets éloignés, ce qui arrive principalement aux vieillards, et il en est d'autres qui ne servent qu'à regarder les choses proches, ce qui est plus ordinaire aux jeunes gens. »

Il donne de la myopie une explication juste : les yeux étant « plus longs, » l'image se forme en avant de la rétine.

Quant aux presbytes, leurs yeux sont « plus plats et plus larges. » Il y a là une légère inexactitude. Cela s'applique aux yeux hypermétropes. La presbytie reconnaît pour cause une modification dans la composition du cristallin.

L'iris a un rôle important dans la vision. L'iris est de nature musculaire, et ses changements sont réglés par le système nerveux. Ces deux affirmations de Descartes ont été de tous points vérifiées par la science moderne.

L'iris règle la quantité de lumière qui doit pénétrer dans l'œil :

« Le changement de grandeur qui arrive à la prunelle sert à modérer la force de la vision; car il est besoin qu'elle soit plus petite quand la lumière est trop vive, afin qu'il n'entre pas tant de rayons dans l'œil que le nerf en puisse être offensé — et qu'elle soit plus grande quand la lumière est moins vive, afin qu'il y en entre assez pour être sentie. »

Pour la même raison, à lumière égale, la pupille est plus grande quand l'objet est plus éloigné.

Mais l'iris a encore un autre usage, également reconnu par Descartes.

« La petitesse de la prunelle sert aussi à rendre la vision plus distincte; car vous devez savoir que, quelque figure que puisse avoir l'humeur cristalline, il est impossible que les rayons qui viennent de divers points de l'objet, s'assemblent en autant d'autres divers points. » En un mot, l'iris obvie à l'aberration de sphéricité.

Comment peut-il se faire, les images étant renversées et doubles, que nous ne voyions qu'un objet et que nous le voyions droit? « L'aveugle, répond Descartes, ne juge point que l'objet soit double, encore qu'il le touche de ses deux mains, et qu'il peut sentir en même temps l'objet B qui est à droite, par l'entremise de sa main gauche, et D qui est à gauche, par l'entremise de la droite. » C'est-à-dire que nous extériorons l'objet; nous le plaçons sur le trajet du rayon lumineux qui impressionne la rétine.

D'où nous vient la notion de la distance des objets? Descartes reconnaît un sens musculaire, qui avertit notre cerveau du mouvement de nos muscles. « A mesure que nous changeons la figure du corps de l'œil pour la proportionner à la distance des objets, nous changeons aussi certaines parties de notre cerveau d'une façon qui est instituée de la nature pour faire apercevoir à notre âme cette distance. »

« Nous connaissons ensuite la distance par le rapport qu'ont les yeux l'un avec l'autre, » et par d'autres causes encore.

Les corps blancs ont la propriété de paraître plus proches et plus grands. Plus proches, à cause de la contraction de la pupille sous l'influence d'une vive lumière; plus grands, parce que « leurs images s'impriment plus grandes sur le fond de l'œil. » En effet, lorsqu'un filet de nerf optique « est touché par quelque objet fort éclatant, et par d'autres qui le sont moins, il suit tout entier le mouvement de celui qui est éclatant et en représente l'image. » En effet, chaque extrémité du nerf optique ne peut donner qu'une impression à la fois, et c'est la plus forte qui l'emporte. La science a confirmé toutes ces remarquables idées.

Pourquoi voyons-nous moins distinctement les objets éloignés, bien que leurs images se forment sur la rétine?

L'image diminuant à mesure que l'objet s'éloigne, le nombre des nerfs impressionnés diminue également; le nombre des sensations est moindre. Un savant de nos jours ne répondrait pas autrement.

Une sensation lumineuse vive persiste, en se transformant, bien que l'objet lumineux ait disparu.

Comment expliquer ce phénomène?

« L'agitation qui est encore dans les filets du nerf optique après que les yeux sont fermés, n'étant plus assez grande pour représenter cette forte lumière qui l'a causée, représente des lumières moins vives; et ces couleurs se changent en s'affaiblissant, ce qui montre que leur nature ne consiste qu'en la diversité du mouvement. »

Comme on le voit, Descartes est toujours conséquent dans sa théorie mécanique de tous les phénomènes physiques.

Nous venons de passer en revue tous les organes des sens.

Le cerveau est non seulement le siège des sensations, il est aussi le point de départ des mouvements, volontaires ou involontaires.

Les volitions, qui elles-mêmes sont soumises à un déterminisme absolu, déterminent les mouvements en poussant les esprits animaux dans les nerfs qui aboutissent à certains muscles. La volition agit donc mécaniquement. Comment les esprits animaux arrivant dans le muscle produisent-ils la contraction ? C'est encore par un moyen mécanique ; mais l'explication que donne Descartes est fausse. Mais la plupart des mouvements sont involontaires. Le point de départ de ces mouvements est encore le cerveau seul. Sur ce point, Descartes se trompe, quoiqu'il ait des mouvements réflexes une conception remarquablement claire et juste. L'expérimentation a démontré que non seulement le cerveau, mais la moëlle et les ganglions nerveux peuvent transmettre les mouvements réflexes.

Les mouvements involontaires peuvent se produire sous l'influence d'une impression quelconque, sentie ou non, ou sous l'influence d'un afflux d'esprits animaux arrivant directement du cœur dans le cerveau.

« Tous les mouvements que nous faisons sans que notre volonté y contribue, comme il arrive souvent que nous respirons, que nous marchons, que nous mangeons et enfin que nous faisons toutes les actions qui nous sont communes avec les bêtes, ne dépendent que de la conformation des membres et du cours que les esprits, excités par la chaleur du cœur, suivent naturellement dans les nerfs et dans les muscles; de même façon que le mouvement d'une montre est produit par la seule force de son ressort et la figure de ses roues. »

Les impressions peuvent déterminer des mouvements réflexes. Prenons un exemple: En face d'un objet effroyable dont l'image se forme dans le cerveau, « les esprits réfléchis de l'image vont se rendre en partie dans les nerfs qui servent à tourner le dos et à remuer les jambes pour s'enfuir. » Chez d'autres individus, « les esprits réfléchis de l'image peuvent entrer dans les pores du cerveau qui les conduisent aux nerfs qui servent à remuer des mains pour se défendre, et exciter la hardiesse. »

Descartes affirme que l'homme, s'il était suffisamment intelligent et instruit, pourrait fabriquer un automate accomplissant toutes les fonctions du corps humain, pouvant même parler et réagir par des cris et des mouvements contre les coups ou les menaces; en un mot, tout semblable à l'homme, sauf la pensée.

Le corps, en effet, n'est qu'une machine, mais « incomparablement mieux ordonnée et ayant des mouvements plus admirables qu'aucune de celles qui peuvent être inventées par des hommes. »

L'activité des esprits animaux est intermittente. Le système nerveux a besoin de repos et de réparation.

La période d'activité est caractérisée par l'afflux des esprits animaux tenant en éveil le cerveau et les organes des sens. Le cerveau, en accomplissant ses fonctions nerveuses, s'use et se répare peu : au bout d'un certain temps son activité diminue ; il s'engourdit, et pendant ce temps, l'énergie qu'il dépensait pour le fonctionnement, il la dépense en partie pour la réparation. Cette période d'engourdissement est le sommeil.

Pendant le sommeil, « la substance du cerveau a le temps de se nourrir et de se refaire, de sorte que cette machine se doit réveiller de soi-même, comme aussi elle doit se rendormir après avoir longtemps veillé. »

Pendant le sommeil l'âme a des rêves.

Le mouvement cérébral, excité dans l'état de veille par un objet réel, se reproduisant dans le sommeil, représentera exactement cet objet.

Il en est de même des hallucinations, qui sont en quelque sorte les rêves d'un homme éveillé.

Il en est de même des représentations de l'imagination qui sont en quelque sorte des hallucinations voulues et conscientes. Quant à la mémoire, elle est possible grâce aux traces matérielles que chaque pensée laisse dans le cerveau.

Les esprits animaux, dans leur cours, retrouvant l'une de ces traces, y passent plus facilement et reproduisent la pensée qui l'avait produite.

En terminant cette étude de la biologie de Descartes, disons un mot de l'âme des bêtes. Cette fameuse question a soulevé bien des controverses, a inspiré bien des volumes. Nous nous garderons d'y entrer. Nous ne ferons qu'indiquer très brièvement l'opinion de Descartes. Elle est bien simple : L'homme est un automate corporel joint à un automate spirituel. La bête n'est qu'un automate corporel. Elle n'a pas de sensations : elle ne voit pas, n'entend pas, ne souffre pas, ne jouit pas ; tout chez elle n'est que mécanisme. Je n'entreprendrai pas de réfuter Descartes. Remarquons seulement ceci : Nous n'avons pas plus de motifs de refuser aux bêtes la faculté de sentir que de la refuser aux hommes, puisque Descartes lui-même reconnaît que tous les actes par lesquels l'homme manifeste ses pensées, ses sensations pourraient être produits par un automate.

Sur les idées de Descartes, en pathologie, il n'y a réellement que bien peu de choses à dire. Sur ce point, on ne trouve que quelques indications dispersées dans ses œuvres.

Les maladies, pour lui, ne sont pas des substances, elles sont le résultat d'une altération matérielle des liquides ou des solides. La chaleur étant le principe de la vie, toute modification de la chaleur normale constitue un état pathologique. La chaleur se produisant dans le sang par fermentation, c'est-à-dire par réaction chimique, toute altération dans la composition ou dans la distribution de cette humeur est une cause de maladie. Ainsi les fièvres à frisson ont pour point de départ quelque foyer où une humeur vicieuse est entrée en fermentation : cette humeur infecte le sang.

Le frisson lui-même « vient, dit-il, de ce que les parties fluides s'accumulent en un certain foyer unique où la chaleur est à son comble. »

Quant aux idées de Descartes en hygiène et en thérapeutique, elles dénotent un bon sens médical rare en tout temps, et surtout à son époque.

De l'ontologie à la biologie, nous avons suivi pas à pas Descartes dans son entreprise encyclopédique. Une conclusion découle de cette étude, et c'est le plus bel éloge qu'on puisse faire du génie d'un homme : Plus la science marche, plus elle se rapproche de Descartes.

CPSIA information can be obtained
at www.ICGtesting.com
Printed in the USA
BVHW041432241218
536331BV00015B/848/P